Radon und Gesundheit

Peter Deetjen
Albrecht Falkenbach
(Hrsg.)

Radon und Gesundheit

Radon and Health

PETER LANG

Frankfurt am Main · Berlin · Bern · Bruxelles · New York · Wien

Die Deutsche Bibliothek - CIP-Einheitsaufnahme

Radon und Gesundheit : Radon and Health / Peter Deetjen ;
Albrecht Falkenbach (Hrsg.). - Frankfurt am Main ; Berlin ; Bern ;
Bruxelles ; New York ; Wien : Lang, 1999
ISBN 3-631-35532-7

ISBN 3-631-35532-7
© Peter Lang GmbH
Europäischer Verlag der Wissenschaften
Frankfurt am Main 1999
Alle Rechte vorbehalten.

Das Werk einschließlich aller seiner Teile ist urheberrechtlich
geschützt. Jede Verwertung außerhalb der engen Grenzen des
Urheberrechtsgesetzes ist ohne Zustimmung des Verlages
unzulässig und strafbar. Das gilt insbesondere für
Vervielfältigungen, Übersetzungen, Mikroverfilmungen und die
Einspeicherung und Verarbeitung in elektronischen Systemen.

Inhalt

VORWORT 7

P. Deetjen
Einführung 9

B.L. Cohen
Validity of the Linear-No Threshold Theory of Radiation Carcinogenesis
in the Low Dose Region 13

L.E. Feinendegen, V.P. Bond, C.A. Sondhaus
Low-Dose Irradiation Appears to Reduce Endogenous DNA Damage 39

S. Hattori
Health Effects of Low-Level Radiation – Scientific Research on
Radiation Hormesis in Japan 57

J. Soto
Radon Effects at Cellular and Molecular Levels 63

K. Yamaoka, S. Hattori
Effects of Radon Inhalation on Physiology and Disorders 67

N. Reinisch
Reduktion der Sauerstoffradikalfreisetzung aus Neutrophilen 75

W. Hofmann, H. Lettner, R. Winkler, W. Foisner
Perkutaner Radon-Transfer und Strahlenexposition durch Radonzerfalls-
produkte 83

W.A. Grunewald, H. v. Philipsborn, G. Just.
Radon-Transfer Haut-Blut-Expirationsluft 93

P. Skorepa, G. Klein, H.G. Pratzel.
Wirkungsverstärkender Effekt von Radonbädern durch CO_2 103

A. Falkenbach, N.J.G.B. Wolter, M. Herold
Klinische Studien zur Wirksamkeit der Radonthermalstollen-Behandlung
bei Morbus Bechterew 111

G. Lind-Albrecht
Radoninhalation bei Morbus Bechterew 131

L. Reiner, A. Franke, H.G. Pratzel, Th. Franke
Radonbäder unterstützen den Hafteffekt einer stationären Rehabilitation
bei Rheumatoider Arthritis 139

H.G. Pratzel, B. Legler, S. Heisig, G. Klein
Schmerzstillender Langzeiteffekt durch Radonbäder 163

H. Eriskat
Entwicklung der Strahlenschutzgesetzgebung in der EU 183

J. Kleinschmidt
Glossar: Größen und Einheiten für radioaktive Strahlung 195

Vorwort

Kaum eine Substanz der natürlichen Umgebung wird ähnlich kontrovers diskutiert wie das Edelgas Radon. Widersprüchliche Meinungen finden sich nicht allein in den Medien, sondern auch unter Epidemiologen, Strahlenbiologen und Medizinern. Dabei wird die öffentliche Diskussion leider viel zu häufig von Emotionen und nicht von Fakten bestimmt. Die sachliche Erörterung der Radonwirkungen kann jedoch Unsicherheiten abbauen helfen.

Ist dieses Edelgas nun vielleicht doch der Jungbrunnen der Balneologen oder ist es ein Risiko für die Entstehung von Lungenkrebs? Ist Radon das wirksamste natürliche Heilmittel zur Behandlung chronisch-rheumatischer Erkrankungen oder ist die Radontherapie ein Kunstfehler?

Die besten Antworten finden sich wohl bei Paracelsus, Arndt-Schultz und Luckey: Die Dosis macht das Gift. Schwache Reize regen an, mittelstarke Reize fördern und starke Reize hemmen die Körperfunktionen. Das Hormesis-Konzept betont die biopositiven Effekte niedrig dosierter Strahlung.

Wo aber liegt der optimale Dosisbereich biopositiver Wirkungen? Welche Art der Exposition ist empfehlenswert und welche könnte schädlich sein? Was sind die Wirkungsmechanismen der Radontherapie? Was sind sinnvolle Indikationen zur Behandlung mit Radon?

Wissenschaftliche Studien der letzten Jahre konnten zur Klärung vieler Fragen beitragen. Einige dieser Untersuchungen sowie mehrere Übersichten zu dem Nutzen/Risiko-Verhältnis der Radonexposition sind in dem vorliegenden Buch zusammengefaßt.

Diese Beiträge wurden auf dem Internationalen Symposium „Radon und Gesundheit" präsentiert, das die Österreichische Ärztekammer und das Forschungsinstitut Gastein in Bad Hofgastein veranstalteten.

Allen Autoren möchten wir herzlich für die Bereitstellung der Manuskripte danken. Unser besonderer Dank gilt Frau Gerlinde Rancnik und Herrn Dr. Simon Gütl, die beide maßgeblich an der Bearbeitung des vorliegenden Kongreßbandes beteiligt waren.

Wir hoffen sehr, daß dieses Buch zu einer sachlicheren Erörterung des Radon-Themas beitragen kann.

Innsbruck / Gastein im Juni 1999

P. Deetjen   A. Falkenbach

Radon und Gesundheit
- Eine Einführung -

P. Deetjen

Institut für Physiologie und Balneologie, Universität Innsbruck, Innsbruck

Zusammenfassung

Unter den 17 Thermalquellen Gasteins ist die Fledermausquelle diejenige mit dem höchsten Radon-Gehalt. Bei ihr wurden vor einigen Jahren Votivgaben aus der Steinzeit gefunden. Vor 100 Jahren wurde Radon als Hauptinhaltsstoff und Wirkprinzip der Gasteiner Thermalquellen erkannt. Es mag daher wohl erlaubt sein, Radon als das älteste bekannte Heilmittel überhaupt in der Geschichte der Menschheit zu bezeichnen. Der vorliegende Kongreßband faßt die Referate zusammen, die im September 1998 während des Internationalen Symposiums „Radon und Gesundheit" in Bad Hofgastein präsentiert wurden. Alle dort vorgestellten Untersuchungen eröffnen neue Einsichten in die biologischen Wirkungen niedrig dosierter ionisierender Strahlung und ermöglichen eine rationale Bewertung der therapeutischen Anwendung des Radons. Nachdem nun auch die klinische Wirkung der Radonkur mit objektiven Methoden messbar geworden ist, sollte dieses alte und bewährte Heilverfahren wieder eine bessere Akzeptanz finden.

Einleitung

Den höchsten Radongehalt der 17 Gasteiner Thermalquellen weist die Fledermausquelle auf. Bei ihr wurden vor einigen Jahren Votivgaben aus der Steinzeit gefunden, darunter eine Steinaxt. Sie galt seinerzeit als das wertvollste Besitztum, da sie nur schwer und langwierig herzustellen war. Für die Altertumswissenschaftler ist dieser Fund ein Hinweis, dass schon vor 5 bis 6000 Jahren die Gasteiner Quellen höchste Wertschätzung genossen – ganz offensichtlich, weil man schon damals deren Heilwirkung erprobt hatte. Vor 100 Jahren wurde Radon dann als Hauptinhaltsstoff und Wirkprinzip der Gasteiner Thermalquellen erkannt. Es mag daher wohl erlaubt sein, Radon als das älteste bekannte Heilmittel überhaupt in der Geschichte der Menschheit zu bezeichnen.

Diese Wertschätzung hielt sich ungebrochen bis in die Mitte unseres Jahrhunderts. Dann aber entwickelte sich eine zunehmend kritische Einstellung zur Radioaktivität und ionisierenden Strahlen. Radon ist eine radioaktive Substanz, die hochenergetische α-Strahlen emittiert. Auch war lange bekannt, dass Radon in sehr hoher Konzentration, wie sie in verschiedenen Bergwerken zu finden ist, bei länger dort arbeitenden Bergleuten zu Lungenkrebs führen kann. Als man dann in verschiedenen Studien feststellte, dass bei diesen Bergleuten eine etwa lineare Beziehung zwischen der Radon-Exposition und dem Auftreten von Lungenkrebs bestand, wurde das Paradigma des Strahlenschutzes formuliert. Es besagt, dass es für Strahlenwirkungen keine Schwelle gibt,

1. dass jede Strahlendosis, egal wie klein, zu Gesundheitsschäden führen kann – wie etwa Krebs und genetischen Defekten,
2. dass diese Effekte mit der Dosis linear ansteigen und
3. dass sich auch bei geringen Strahlendosen schädliche Wirkungen lebenslang akkumulieren.

Unter der Bezeichnung "Linear-No Threshold Theory (LNT)" gingen diese Vorstellungen in das internationale Schrifttum ein und dominieren seither die Philosophie und Praxis des Strahlenschutzes. Das hatte erhebliche Konsequenzen. Denn nach dieser Theorie ist Radon nicht nur für besonders exponierte Bergleute gefährlich, sondern sollte ein Gesundheitsrisiko für praktisch die gesamte Bevölkerung darstellen. Radon akkumuliert nämlich in Wohnräumen umso mehr, je besser diese gegen Wärmeverluste isoliert und in ihrem Luftwechsel reduziert sind.

Die Vermutung, dass die Erkrankung an Lungenkrebs weitgehend, und bei Nichtrauchern nahezu ausschließlich, auf Radon zurückzuführen sei, wurde durch wiederholte Behandlung in den Medien schließlich nicht mehr als eine keineswegs bewiesene Hypothese, sondern als nicht zu bezweifelnde Tatsache gesehen. Epidemiologische Untersuchungen, die gegen diese Vorstellungen sprachen, wurden wenig beachtet oder in ihrer statistischen Wertigkeit bezweifelt. Es ist das große Verdienst von Professor Bernhard Cohen aus Pittsburgh eine derartige Fülle an Daten zusammengetragen zu haben, dass jetzt eine ganz eindeutige Bewertung der LNT-Theorie möglich ist. Er berichtet in diesem Buch darüber.

Bei der um das Radon aufgebauten Strahlenfurcht konnte es nicht ausbleiben, dass auch die therapeutische Anwendung von Radon in Heilbädern in Zweifel gezogen und als gefährlicher Anachronismus angeprangert wurde.

Andererseits galten gerade diejenigen Heilbäder, in denen Radon als der Hauptinhaltsstoff der Quellen festgestellt worden war, seit alters her als besonders heilkräftig. Erkenntnisse aus der Erfahrungsmedizin werden aber heutzutage nur mehr akzeptiert, wenn sie durch Studien mit objektiven Methoden bewiesen werden können. Lange Zeit fehlten solche fundierten Untersuchungen. Im Rahmen dieses Kongreßbandes kann nun aber über kontrollierte Studien aus Bad Brambach, Schlema, Bad Steben, Bad Kreuznach und Bad Gastein berichtet werden.

Über den Wirkungsmechanismus von Radon in niedriger Dosierung sind in den letzten zwei Jahrzehnten eine Reihe interessanter Befunde erhoben worden. Als Beispiele seien genannt, dass durch Radoneinwirkung die Aktivität von Enzymen stimuliert wird, die im Zellkern für die Reparatur und Konservierung der Genstrukturen zuständig sind (DNA-Repair). Auch Abwehrmechanismen im Zytoplasma werden durch Radon angeregt. So werden sogenannte Scavenger-Enzyme stimuliert, die toxische Radikale wegfangen und inaktivieren.

Weitere interessante Befunde betreffen die Aktivierung von natürlichen Killerzellen, die eine wichtige Rolle in der Immunabwehr spielen. Auch die Anregung der Biosynthese von regulatorischen Peptiden scheint von besonderer Bedeutung zu sein. Gerade im Hinblick auf die unter einer Radonkur festzustellende Minderung von Schmerzen bei chronischen rheumatischen Erkrankungen war es ein wichtiger Befund, dass Radon auf die Produktion von Neuropeptiden einwirkt, die bei der Schmerzverarbeitung eine Rolle spielen. Über diese und weitere Untersuchungen wurde in vier vorangegangenen Symposien, die entweder in Bad Münster am Stein oder in Bad Hofgastein stattfanden, berichtet und publiziert (Tabelle 1).

1979 Bad Münster am Stein	Grundlagen der Radontherapie, Hrsg.: P. Deetjen und K. Dirnagl, Z. angew. Bäder und Klimahkd. 26, 331-443 (1979)
1984 Bad Münster am Stein	Physikalische, biologische und medizinische Wirkungen niedrig dosierter ionisierender Strahlung, Hrsg.: K. Dirnagl, Z. Phys. Med. Baln. Med. Klim. 13, Sonderheft 1 (1984)
1987 Bad Hofgastein	Biologische und therapeutische Effekte von Radon, Hrsg.: P. Deetjen, Z. Phys. Med. Baln. Med. Klim. 17, Sonderheft 1 (1988)
1989 Bad Münster am Stein	Physikalische, biologische und therapeutische Effekte niedrig dosierter ionisierender Strahlung, Hrsg.: P. Deetjen, Z. Phys. Med. Baln. Med. Klim. 19, Sonderheft 2 (1990)

Tabelle 1: Vorangegangene Symposien

Über neueste Ergebnisse aus der Grundlagenforschung wird in diesem Band berichtet:

Besonders hervorgehoben sei der Beitrag von L. Feinendegen, dessen Untersuchungen erstmals quantitative Aussagen über die Leistungen des DNA-Repair-Systems ermöglichen. So lässt sich ableiten, dass es durch die normalen zellulären Stoffwechselprozesse ständig zu Schäden der DNA-Moleküle kommt und dass diese chemisch induzierten Schäden um mehrere Größenordnungen häufiger auftreten als solche, die physikalisch durch ionisierende Strahlen hervorgerufen werden. Andererseits aber scheint gerade die durch die α-Strahlung des Radons hohe - aber lokal eng begrenzte - Energieübertragung die DNA-Repairmechanismen besonders zu stimulieren, sodass dann auch die durch chemische Noxen hervorgerufenen DNA-Strangbrüche besser und schneller repariert werden. Zu ähnlichen Feststellungen kommen auch japanische Untersuchungen von Yamaoka und Hattori (in diesem Buch) hinsichtlich der Inaktivierung toxischer Radikale in der Zelle.

Dass diese Mechanismen unmittelbar klinische Bedeutung haben, zeigt eine Studie von N. Reinisch, der die Sauerstoffradikalfreisetzung bei Patienten mit Morbus Bechterew vor und nach einer Radon-Hyperthermie-Kur untersucht hat.

Einen noch weitergehenderen Einblick in die molekularen Abläufe unter Radoneinwirkung eröffnen Untersuchungen, die von J. Soto dargestellt werden. Er konnte feststellen, dass es unter Einwirkung von Radon in niedriger Dosis zu einer Steigerung der Apoptose, des genetisch programmierten Zelltodes, kommt. Die genauere Analyse ergab, dass es zu einer verstärkten Expression Apoptose-induzierender Gene (bax und kurzes Transkript von bcl-x) kommt, während das antagonistisch wirkende Gen bcl-2 unbeeinflusst bleibt.

All diese hier zusammengefassten Untersuchungen eröffnen neue Einsichten in die biologischen Wirkungen niedrig dosierter ionisierender Strahlung und ermöglichen eine rationale Bewertung der therapeutischen Anwendung des Radons. Nachdem nun auch die klinische Wirkung der Radonkur mit objektiven Methoden messbar geworden ist, sollte dieses alte und bewährte Heilverfahren wieder bessere Akzeptanz finden.

Adresse: Univ.-Professor Dr. med. P. Deetjen
Institut für Physiologie und Balneologie
Universität Innsbruck
Fritz-Pregl-Straße 3
A-6010 Innsbruck

Validity of the Linear-No Threshold Theory of Radiation Carcinogenesis in the Low Dose Region

Bernard L. Cohen

University of Pittsburgh, Pittsburgh, PA

Summary

The cancer risk from low level radiation is conventionally estimated from the well known effects of high radiation doses by use of the linear-no threshold theory (LNT). Since this practice has great consequences for society, it is important to re-examine and evaluate it. It is shown that the original theoretical basis of LNT has completely disintegrated, and that the role of biological defense mechanisms is of paramount importance. Evidence on this is reviewed and essentially all of it suggests that low level radiation may be protective against cancer. The data on cancer risk to humans from low level radiation are reviewed; while they are weak statistically, they largely suggest failure of LNT in over-estimating the risk of low level radiation. This conclusion is supported by the fact that the latent period between exposure and tumor development increases with decreasing dose, so for low dose exposure, death from other causes would occur before tumor development. The University of Pittsburgh study of lung cancer rates in U.S. Counties vs radon exposures gives statistically indisputable evidence on validity of LNT. This study is reviewed and updated, and criticisms of it are discussed. It concludes that LNT fails very badly in the low dose region, grossly exaggerating the cancer risk of low level radiation.

Introduction

We know a great deal about the cancer risk of high radiation doses from studies of Japanese A-bomb survivors, patients exposed for medical therapy, occupational exposures, etc. But the vast majority of important applications deal with much lower doses usually accumulated at much lower dose rates, referred to as "low level radiation" (LLR). Conventionally, the cancer risk from LLR has been estimated by use of a linear-no threshold theory (LNT). For example, it is assumed that the cancer risk from 0.001 Sv (100 mrem) of dose is 0.001 times the risk from 1 Sv (100 rem). In recent years, the former risk estimates have often been reduced by a "dose and dose rate reduction factor", which is taken to be a factor of 2. But otherwise, LNT is frequently used for doses as low as 1/100,000 of those for which there is direct evidence of cancer induction by radiation. It is the origin of the commonly used expression "no level of radiation is safe" and the consequent public fear of LLR.

The importance of this use of LNT is difficult to exaggerate. It is estimated that $85 billion will be spent in cleaning up the Hanford (WA) site to avoid LLR, and comparable sums will be spent on government operating sites at Savannah River (SC), Rocky Flats (CO), Fernald (OH) and several others. If LNT is wrong and LLR is harmless, all of this money will be wasted. Some other areas where huge sums of money are devoted to avoiding LLR are:
- radioactive waste storage technology and siting
- reactor accident safety; even in the worst accidents, well over 90% of the calculated deaths are from LLR
- reduction in routine emissions of radioactivity from nuclear plants
- reduction of radon levels in homes

Some other problems that would disappear if LNT calculations of the effects of LLR were proven wrong include:
- the 10 - 20,000 deaths claimed to be anticipated from the Chernobyl accident
- fallout from nuclear bomb testing
- patient fears of diagnostic X-rays which often compromises the effectiveness of medical treatment

The LNT paradigm has been carried over to chemical carcinogens, leading to severe restrictions on use of cleaning fluids, organic chemicals, pesticides, etc. If LNT were abandoned for radiation, it would probably also be abandoned for chemical carcinogens.

If view of the above, it is important to consider the validity of LNT. That is the purpose of this paper.

Basis for Linear-No Threshold Theory (LNT)

Theoretical basis and its shortcomings

The principal basis for LNT is theoretical, and very simple. A single particle of radiation hitting a single DNA molecule in a single cell nucleus of a human body can initiate a cancer. The probability of a cancer initiation is therefore proportional to the number of such hits, which is proportional to the number of particles of radiation, which is proportional to the dose. Thus, the risk is linearly dependent on the dose; this is LNT.

The problem with this very simple argument is that factors other than initiating events affect the cancer risk. Our bodies have biological defense mechanisms (BDM) which prevent the vast majority of initiating events from developing into a fatal cancer; some more specific examples follow: Our bodies produce DNA repair enzymes which repair effects of initiating events with high efficiency. Cancer development is a multistage process, and consideration must be given to how radiation may affect stages other than initiation. Radiation can alter cell-cycle timing, which can affect cancer development; damage repair is effective only until the next cell division (mitosis) process, so changing this available time can be important. There is good evidence that the immune system plays an important role in preventing cancer development, and its potency can be altered by radiation. All of these considerations and others, which we refer to collectively as BDM require consideration. The above-described simple basis for LNT is far too simple.

There is plenty of very direct and obvious evidence on this. For example, the number of initiating events is roughly proportional to the mass of the animal - more DNA targets means more hits. Thus the simple theory predicts the cancer risk to be proportional to the mass of the animal. But experience indicates that the cancer risk in a given radiation field is roughly the same for a 30 gram mouse as for a 70,000 gram man, and there is no evidence that elephants are more susceptible than either. Our very definition of dose in terms of radiation hits per unit targets mass would be misleading if only the number of hits (which is proportional to the number of initiating events) were relevant, regardless of the mass of the target. Another obvious example of the failure of the simple basis for LNT is in the spectacular increase in cancer incidence with age. Young people experience cancer initiating hits as frequently as old people, but the probability for a cancer to develop is much higher in old people.

There are also serious problems on the molecular level (Pollycove 1998). DNA damage events like those caused by radiation are occurring all the time in our bodies due to chemical and other spontaneous processes. Single strand breaks occur at a rate of 150,000 per day in each of the trillion cells in our bodies, whereas 0.1 Sv (10 rem) of radiation, which approaches the upper limit of LLR, causes only 200 per cell, an insignificant addition. As a counter-argument, it is sometimes suggested (despite strong contrary evidence) that double-strand breaks (DSB) are dominantly important for initiating a cancer. These are much more rare, but an average cell experiences about 200 spontaneous DSB per year, whereas 0.1 Sv (10 rem) gives it an average of only 4 DSB, still an insignificant contribution. It thus seems clear that cancer initiating events are of negligible importance in determining the dose-response relationship for radiation carcinogenesis in the LLR region. Apparently the principal effect of radiation in causing cancer is from modifying BDM rather than from providing initiating events. Thus, the simple basis for LNT has collapsed. LNT can only be justified if the effectiveness of BDM is reduced linearly with increasing dose. We next explore this possibility as part of the larger question of how LLR affects the molecular processes involved in cancer development.

Effects of LLR on cancer development

Cancers are initiated by genetic damage in a cell nucleus. One type of genetic damage that has been widely studied is chromosome aberrations and it was long ago recognized that a high dose of radiation increases the number of these. However, Table 1 (Shadley and Dai 1992) shows an in vitro example of how that process is affected if the high dose is preceded a few hours before by a low dose (LLR). We see that the number of chromosome aberrations caused by the high dose is substantially reduced. As an example of an *in vivo* experiment, Cai and Liu (1990) reported that exposure of mouse cells to 65 rad caused chromosome aberrations in 38% of bone marrow cells and in 12.6% of spermatocytes, but if these exposures are preceded 3 hours earlier by an exposure to 0.2 rad, these percentages are reduced to 19.5% and 8.4% respectively. There are many other examples of such experiments, both *in vitro* and *in vivo*, and the results are usually explained as stimulated production of repair enzymes by LLR. These are examples of what is called "adaptive response" (UNSCEAR 1994) - the body adapts to effects of radiation by developing protective responses.

	dicentrics & rings		*deletions*	
donor	*400 cGy*	*(5+400) cGy*	*400 cGy*	*(5+400) cGy*
#1	*136*	*92*	*52*	*51*
#2	*178*	*120*	*62*	*46*
#3	*79*	*50*	*39*	*15*
#4	*172*	*42*	*46*	*34*
#5	*134*	*106*	*58*	*41*

Table 1: Effects of preexposure to 5 cGy on chromosome aberration in human lymphocyte cells induced by 400 cGy of X-rays 6 hours later (Shadley and Dai 1992)

Another type of experiment that reveals effects of "adaptive response" involves detection of genetic mutations. As an example of an *in vitro* experiment (Kelsey et al. 1991), it was found that an X-ray exposure of 300 rad induced a frequency of mutations at the *hprt* locus of 15.5×10^{-6}, but if this large exposure was preceded 16 hours earlier by an exposure of 1 rad, this frequency was reduced to 5.2 x 10⁻⁶. As an *in vivo* example (Fritz-Niggli and Shaeppi-Buechi 1991), it was found that the percentage of dominant lethal mutations in offspring resulting from exposures of female drosophila to 200 rad of X-rays before mating was substantially reduced by preceding this high dose with an exposure to 2 rad; for different strains of drosophila and different oocyte maturities these percentages were reduced from 42% to 27%, from 11% to 4.5%, from 40% to 36%, from 32% to 12.5%, from 42% to 30%, and from 51% to 22%.

It has sometimes been argued that adaptive response may only be effective against large doses of radiation, but it has recently been shown (Azzam et al. 1996) that exposures to low doses of radiation can reduce the rate of spontaneous neoplastic transformation in cells by 3-fold or more.

Since the immune system is important in resisting the development of cancer, the effects of LLR on it are relevant here. The effects of LLR on several different measures of the immune response are listed in Table 2 (Liu 1992). We see that by each of these measures, the immune response is increased by LLR. There is at least one study of this effect over a wide range of radiation doses (Makinodan and James 1990); it reports increases in immune response by 80% *in vitro* and by 40% *in vivo* at about 20 rad followed by a rapid decrease to well below the unirradiated level at doses of about 50 rad.

Test	*2.5 cGy*	*5 cGy*	*7.5 cGy*
PFC Reaction	*110*	*143*	*174*
MLC Reaction	*109*	*133*	*122*
Reaction to Con A	*191*	*155*	*530*
NK activity	*112*	*109*	*119*
ADCC Activity	*109*	*128*	*132*

Table 2: Effects of radiation on immune response. Different columns are percent of response to various tests in unexposed mice to response in mice exposed as indicated (Liu 1992)

All of the work reported in this section suggests that LLR is protective against cancer, quite the opposite of what is expected from LNT. Not only has the simple basis for LNT collapsed, but there is a large body of evidence indicating that a more complete treatment of the problem would show a decrease in risk with increasing dose in the low dose region. However, final decisions on dose-response are always most heavily weighted on experiences with exposures to humans. The data on this are summarized in the next section.

Risk vs dose data from human exposures

The principal data that have been cited by those in influential positions (Clarke 1997, Sinclair 1996) to support LNT are solid tumors (all cancers except leukemia), among the Japanese A-bomb survivors, and an IARC (International Agency for Research on Cancer) study of occupational doses to radiation workers. The former data (Pierce et al. 1996) are shown in Figure 1, where the error bars represent 95% confidence limits (2 standard deviations). If error bars are ignored, the points do indeed suggest a linear relationship with intercept near zero dose. If the data are fit by a linear relationship, the intercept is reported to be below 5 cSv (rem) with 98% confidence.

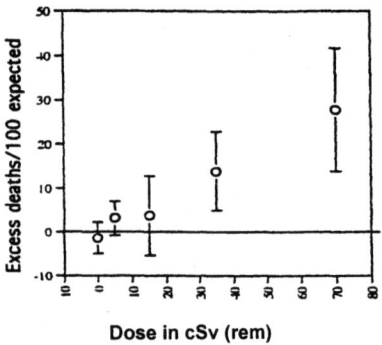

Figure 1: Excess deaths from solid tumors per 100 "expected" among Japanese A-bomb survivors (1950-1990) vs dose (Pierce et al. 1996). Error bars are 95% confidence limits

However, if we are questioning the linear theory, we cannot assume it to be true, so those arguments have little validity. The data themselves give no statistically significant indication of excess cancers for doses below 25 cSv. In fact, it has been shown (Cohen 1998) that considering the three lowest dose points alone, the slope of the dose-response curve has a 20% probability of being negative (risk decreasing with increasing dose). It may seem implausible for the curve over most of its range to be a straight line directed to zero intercept at zero dose, and then suddenly "dive-down" in the low dose region. But one simple explanation of how this can occur is shown in Figure 2 which assumes a linear-no threshold dose-response relationship (labelled LNT) plus a stimulation of biological defense mechanisms at low dose (small dot line). Adding these gives the resultant large-dot line at low dose merging into the LNT line. Note that the zero ordinate is easily adjustable because of uncertainties in the "expected" number of tumors, and the LNT line goes to zero ordinate at a dose of about -5 cSv rather than zero because assigned doses do not include natural background. Our resultant curve is an excellent fit to the A-bomb survivor data.

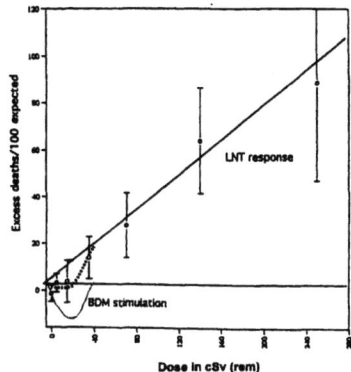

Figure 2: Data from Figure 1 extended to high dose and with proposed analysis into an LNT component (solid line) plus a contribution at low dose from biological defense mechanisms (BDM - small dot line) to give a resultant behavior at low dose shown by large dot line, merging into the LNT line above 50 cSv

The other evidence that has been cited as supporting LNT is the IARC (International Agency for Research on Cancer) study (Cardis et al. 1995) of 95,673 monitored radiation workers in U.S., U.K., and Canada. For all cancers except leukemia, there were 3,830 deaths but no excess over the number expected. The risk is reported as -0.07/Sv with 90% confidence limits (-0.4, +0.3). There is surely no support for LNT here.

Dose (cSv)	Observed	Expected	O/E
0-1	72	75,7	0,95
1-2	23	21,2	1,08
2-5	20	21,8	0,92
5-10	12	11,3	1,06
10-20	9	7,8	1,15
20-40	4	5,5	0,73
>40	6	2,6	2,3

Table 3: Leukemia deaths from IARC Study (Cardis et al 1995)

However, for the 146 leukemia deaths, they do report a positive risk vs dose relationship and claim that this supports LNT. Their data are listed in Table 3. It is obvious from those data that there is no indication of an excess risk below 40 cSv (even the excess for >40 cSv is by only 1.4 standard deviations). The conclusion by the authors that this supports LNT is based on an analysis which arbitrarily discards the data in Table 3 for which o/e (observed/expected) is less than unity! They thus discard 3 of the 7 data points.

While the solid tumor data on A-bomb survivors and the leukemia data on monitored radiation workers are said to support LNT, there are several studies that seem to contradict LNT. The data on leukemia among A-bomb survivors (Pierce et al. 1996) are shown in Figure 3, with error bars indicating 95% confidence limits. These data strongly suggest a threshold above 20 cSv.

A similar behavior is found for breast cancer among Canadian women exposed to X-ray fluoroscopic examinations for tuberculosis (Miller et al. 1989), the data for which are shown in Figure 4. Here again, there seems to be a decrease in risk with increasing dose at least up to 20 cSv.

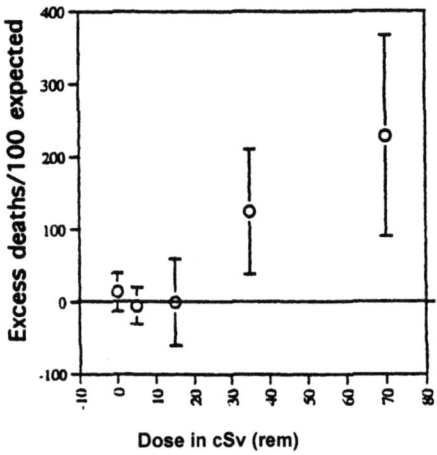

Figure 3: Excess deaths from leukemia per 100 "expected" among Japanese A-bomb survivors (1950-1990) vs Dose (Pierce et al. 1996). Error bars are 95% confidence limits

The data on lung cancer among these Canadian women (Howe 1995), and also a one point study of 10,000 individuals in Massachusetts (Davis et al. 1989) are shown in Figure 5. Here again we see a decrease in the low dose region, in this case extending at least up to 100 cSv. In Figure 5, these data are compared with lung cancer data for the Japanese A-bomb survivors, and we see there a difference between the two data sets that is clearly statistically significant; the

A-bomb survivor data gives a much higher risk at all doses. This can perhaps be explained by the difference between very high dose rate in the A-bomb survivors and the lower dose rate from protracted fluoroscopic exams extending over many weeks. In any case, Figure 5 must give one pause before using A-bomb survivor data to predict risks from LLR; that is the method normally used.

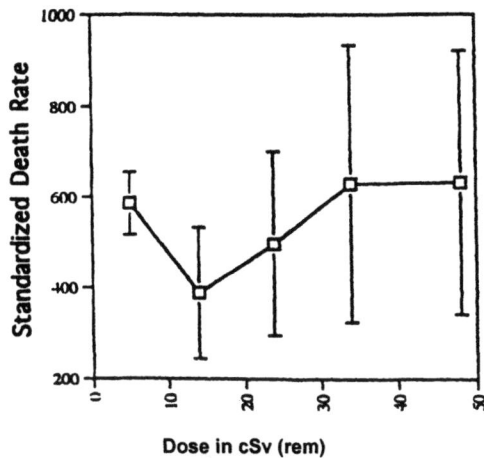

Figure 4: Standardized death rates per million person-years from breast cancer among Canadian women after irradiation in fluoroscopic examinations vs radiation dose (Miller et al. 1989). Error bars are 95% confidence limits

Perhaps the most frequently cited evidence against LNT is based on bone and head cancers among dial painters, chemists, and others occupationally exposed to ingested radium (Evans 1974). The data are shown in Figure 6. The error bars on the high dose data are one standard deviation, but there were no tumors among those with exposures below 1,000 cGy, making it difficult to estimate error bars. The asterisks show the ordinate if there had been one rather than zero tumors in each category. The data in Figure 6 give no support for LNT, and are strongly suggestive of a threshold behavior. Moreover, this threshold behavior is strongly supported with much better statistics by data from injection of radioactivity into animals (References listed in Cohen 1980).

In summary of the data on human exposures, there are no statistically indisputable data sets. If one is guided by indications of marginal to moderately high statistical significance, there is more evidence suggesting a threshold than suggesting validity of LNT in the low dose region.

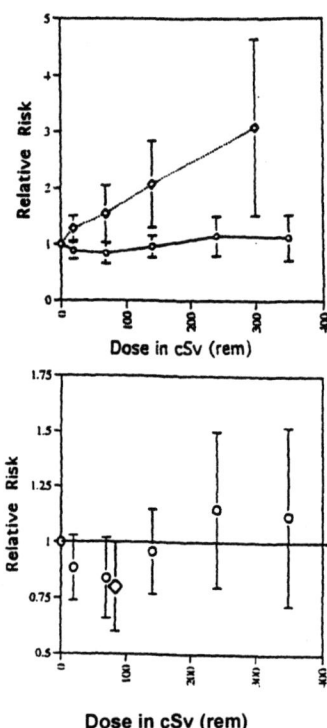

Figure 5: Relative risk of mortality from lung cancer vs dose to lung, with 95% confidence limits. In lower figure with expanded vertical scale, circles are from Howe (1995) and diamond is from Davis et al. (1989). In upper figure (Howe 1995), solid line connects data from Canadian fluoroscopy patients, and dashed line connects data from A-bomb survivors

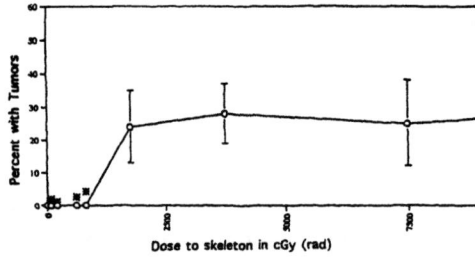

Figure 6: Data on dial painters, chemists, and others exposed to ingested radium. Ordinate is percent in each dose category that had tumors in the bone or head, and abscissa is the dose in cGy (rad) to the skeleton. For doses above 1000 cGy, error bars are one standard deviation. There were no tumors for doses below 1000 cGy; asterisks show the ordinate if there had been one tumor in the dose category. A higher dose data point at 20,000 cGy with ordinate 38% (± 13 %) is off the plot (Evans 1971)

Dependence of latent period on dose

There is a substantial body of data, both on animals and on humans, indicating that the latent period between radiation exposure and cancer death increases with decreasing exposure. Earlier references on this work are listed in Cohen 1980, and the very elaborate more recent studies by Raabe and others on people, dogs and rats are reviewed by Raabe (1994). This means that for low exposures, the latent period exceeds the normal life span, so no actual cancers develop. Thus there is an effective threshold.

This effect alone, even in the absence of all considerations discussed previously, would invalidate LNT for LLR.

How can statistically indisputable evidence be obtained?

A definitive answer to the validity of LNT in the low dose region must be based on human data, but to obtain statistically indisputable data requires much larger numbers of subjects than can be obtained from occupational, accidental, or medical exposures. The obvious source is natural radiation. If one attempts to use natural gamma radiation, which varies somewhat with geography, one is faced with the problem that LNT predicts that only a few percent of cancers are due to natural radiation; whereas there are unexplained differences of tens of percent for different geographic areas. For example, the percentage of all deaths that are from cancer varies in U.S. from 22% in New England to 17% in the Rocky Mountain States (where radiation levels are highest). Another problem is that gamma ray backgrounds vary principally with geographic regions, and there are also many potential confounding factors that may vary with geography. Nevertheless, there have been attempts to study effects of gamma ray background on cancer rates, and in general either no effect or an inverse relationship has been found. For example, no excess cancer has been found in the high radiation areas of India or Brazil. But all such effects can easily be explained by potential confounding factors.

A much more favorable situation is available for radon in homes. According to LNT, it is responsible for at least 10% of all lung cancers, and a known confounder, cigarette smoking, is responsible for nearly all of the rest. Another advantage is that levels of radon in homes vary much more widely than natural gamma radiation.

There have been numerous case-control studies of the relationship between radon in homes and lung cancer. The results of the most credible of these are shown in Figure 7, and a meta-analysis of them (Lubin and Boice 1997) is shown in Figure 8. We see there that the results from different studies have been inconsistent and this work has given no statistically significant information on the validity of LNT in the low dose region which we define here as below 5 pCi/L which corresponds to 20-50 cSv (whole body equivalent dose) over a lifetime. A different approach, specifically designed for testing LNT, was carried out by the present author and is described in the following section.

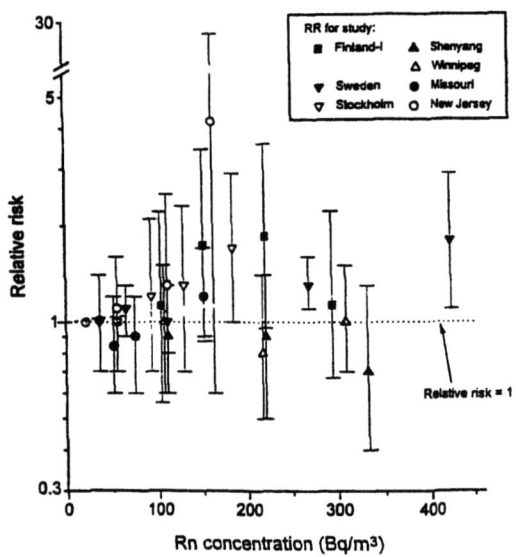

Figure 7: Lung cancer risk vs radon levels in homes from case-control studies, from Lubin and Boice 1997. For converting the horizontal axis, 37 Bq/m3 = 1 pCi/L

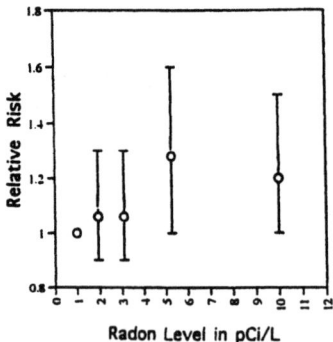

Figure 8: Lung cancer risk vs radon level in homes from meta-analysis of eight case-control studies by Lubin and Boice (1997)

University of Pittsburgh Study

Original 1995 paper

My group at University of Pittsburgh developed an elaborate study designed specifically to test LNT (Cohen 1995). We briefly review it here. We compiled hundreds of thousands of radon measurements from several sources to give the average radon level, r, in homes for 1729 U.S. counties, well over half of all U.S. counties and comprising about 90% of the total U.S. population. Plots of age-adjusted lung cancer mortality rates, m, vs these r are shown in Figure 9a,c where, rather than showing individual points for each county, we have grouped them into intervals of r (shown on the base-line along with the number of counties in each group) and we plot the mean value of m for each group, its standard deviation indicated by the error bars, and the first and third quartiles of the distribution. Note that when there is a large number of counties in an interval, the standard deviation of the mean is quite small. We see, in Figure 9a,c, a clear tendency for m to decrease with increasing r, in sharp contrast to the increase expected from the supposition that radon can cause lung cancer, shown by the line labelled "Theory".

One obvious problem is migration: people do not spend their whole lives and receive all of their radon exposure in their county of residence at time of death where their cause of death is recorded. However, it is easy to correct the theoretical prediction for this, and the "Theory" lines in Figure 9 have been so corrected. As part of this correction, data for Florida, California, and Arizona, where many people move after retirement, have been deleted, reducing the number of counties to 1601. This deletion does not affect the results.

A more serious problem is that this is an "ecological study", relating the average risk of groups of people (county populations) to their average exposure dose. Since most dose-response relationships have a "threshold" below which there is little or no risk, the disease rate depends largely on the fraction of the population that is exposed above this threshold, which is not necessarily closely related to the average dose which may be far below the threshold. Thus, in general, the average dose does not determine the average risk, and to assume otherwise is what epidemiologists call "the ecological fallacy". However, it is easily shown that the ecological fallacy does not apply in testing a linear-no threshold theory (LNT). This is familiar from the well known fact that, according to LNT, population dose in person-rem determines the number of deaths; person-rem divided by the population gives the average dose, and number of deaths divided by the population gives the mortality rate which is the average risk. These are the quantities plotted in Figure 9. Other problems with ecological studies have been discussed in the epidemiology literature, but these have also been investigated and found not to be applicable to our study. Some of these problems are discussed below.

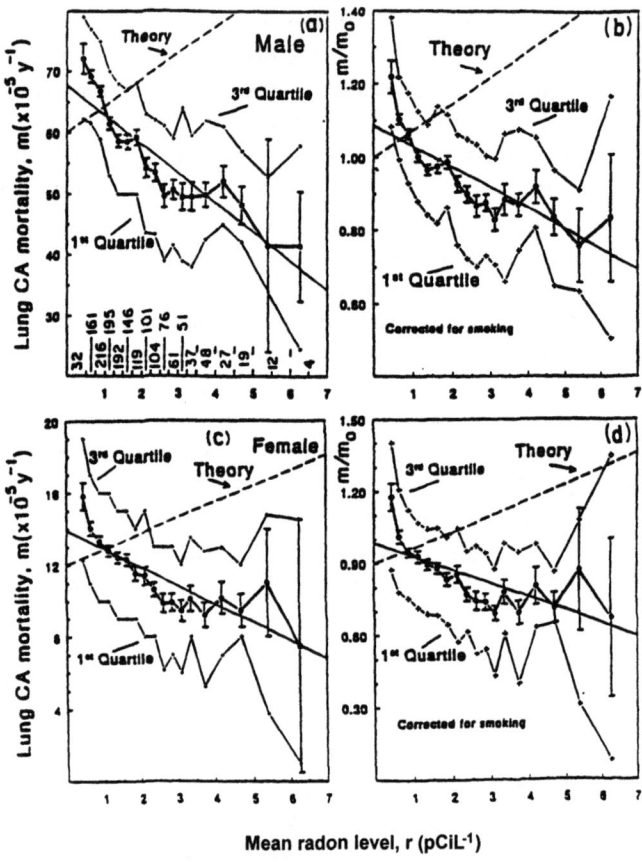

Figure 9: Lung cancer mortality rates (age-adjusted) vs average radon level in homes for U.S. Counties (Cohen 1995). Figure 1b,d are lung cancer rates corrected for smoking prevalence (see explanations in text)

Epidemiologists normally study the mortality risk to individuals, m', from their exposure dose, r', so we start from that premise using the BEIR-IV version of LNT (in simplified form; full treatment in Cohen 1995).

$m' = a_n (1 + b\, r')$ non-smokers
$m' = a_s (1 + b\, r')$ smokers

where a_n and a_s are constants determined from national lung cancer rates, and b is a constant determined from studies of miners exposed to high radon levels.

Summing these over all people in the county and dividing by the population gives

$$m = [S\, a_s + (1 - S)\, a_n]\, (1+br) \tag{1}$$

where m and r have the county average definitions given above in the presentation of Figure 9, and S is the smoking prevalence - the fraction of the adult population that is smokers. Equation (1) is the prediction of the LNT theory we are testing here (we also show that our test applies not only to the BEIR-IV version but to all other LNT theories); note that it is derived by rigorous mathematics from the risk to individuals, with no problem from the ecological fallacy.

The bracketed term in Equation (1), which we call m_0, contains the information on smoking prevalence, so m/m_0 may be thought of as the lung cancer rate corrected for smoking. Figure 9b,d show m/m_0 vs r. We fit the data (i.e. all 1601 points) to

$$m/m_0 = A + B\, r \tag{2}$$

deriving values of B. The theory lines are from Equation (1) with slight renormalization. It is clear from Figure 9b,d that there is a huge discrepancy between measurements and theory. The theory predicts B = +7.3% per pCi/L, whereas the data are fit by B = -7.3 (±0.6) and -8.3 (±0.8)% per pCi/L for males and females respectively. We see that there is a discrepancy between theory and observation of about 20 standard deviations; we call this "our discrepancy".

All explanations for our discrepancy that we could develop or that have been suggested by others have been tested and found to be grossly inadequate. We review some of the details of this process here.

There may be some question about the radon measurements, but three independent sources of radon data, our own measurements, EPA measurements, and measurements sponsored by various states governments, have been used and each gives essentially the same results. These three sets of data correlate well with one another, and by comparing them, we can estimate the uncertainties in each and in our combined data set; these indicate that uncertainties in the radon data are not a problem.

Another potential problem is in our values of smoking prevalence, S. Three different and independent sources of data on smoking prevalence were used, and all result in essentially the same discrepancy with LNT seen in Figure 9b,d.

Nevertheless, since cigarette smoking is such an important cause of lung cancer, one might think that uncertainties in S-values can frustrate our efforts. Analysis shows that the situation is not nearly so unfavorable. The relative importance of smoking and radon for affecting the variation of lung cancer rates among U.S. Counties may be estimated by use of the BEIR-IV theory. For males, the width of the distribution of S-values, as measured by the standard deviation (SD) for that distribution, is 13.3% of the mean, and according to BEIR-IV a difference of 13.3% in S would cause a difference in lung cancer rates of 11.3%; whereas the SD in the width of the distribution of radon levels for U.S. Counties is 58% of the mean which, according to BEIR-IV, would cause a difference in lung cancer rates of 6.6%. Thus, the importance of smoking for determining variations in lung cancer rates among counties is less than twice (11.3/6.6) that of radon. Smoking is not as dominant a factor as one might intuitively think it is.

Even more important for our purposes is the fact that smoking prevalence, S, can only influence our results to the extent that it is correlated with the average radon levels in counties. Thus we are facing a straightforward quantitative question: How strong a correlation between S and r, CORR-r, would be necessary to explain our discrepancy. If we use our best estimate of the width of the distribution of S-values for U.S. counties, even a perfect negative correlation between radon and smoking prevalence, CORR-r = -1.0, eliminates only half of the discrepancy. If the width of the S-value distribution is doubled, making it as wide as the distribution of lung cancer rates, which is the largest credible width since other factors surely contribute to lung cancer rates, an essentially perfect negative correlation, CORR-r = -0.90, would be required to explain the discrepancy and to cut the discrepancy in half requires Corr-r = -0.62.

How plausible is such a large |CORR-r|. There is no obvious direct relationship between S and r, so the most reasonable source of a correlation is through confounding by socioeconomic variables (SEV). We studied 54 different SEV to find their correlation with r, including population characteristics, vital statistics, medical care, social characteristics, education, housing, economics, government involvements, etc. The largest |CORR-r| was 0.37, the next largest was 0.30, and for 49 of the 54 SEV, |CORR-r| was less than 0.20. Thus a |CORR-r| for smoking prevalence, S, even approaching 0.90, or even 0.62, seems completely incredible. We conclude that errors in our S-values can do little to explain our discrepancy.

In another largely unrelated study (Cohen 1993), we found that the strong correlation between radon exposure and lung cancer mortality (with or without S as a covariate), albeit negative rather than positive, is unique to lung cancer; no remotely comparable correlation was found for any of the other 32 cancer sites.

We conclude that the observed behavior is not something that can easily occur by chance.

To investigate effects of a potential confounding variable, data are stratified into quintiles on the values of that variable, and a regression analysis is done separately for each stratum. Since the potential confounder has nearly the same value for all counties in a given stratum, its confounding effect is greatly reduced in these analyses. An average of the slopes, B, of the regression lines for the five quintiles then gives a value for B which is largely free of the confounding under investigation.

This test was carried out for the 54 socioeconomic variables mentioned above, and none was found to be a significant confounder. In all 540 regression analyses (54 variables x 5 quintiles x 2 sexes), the slopes, B, were negative and the average B value for the five quintiles was always close to the value for the entire data set. Incidently, this means that the negative correlation between lung cancer rates and radon exposure is found if we consider only the very urban counties, or if we consider only the very rural counties; if we consider only the richest counties, or if we consider only the poorest; if we consider only the counties with the best medical care, or if we consider only those with the poorest medical care; and so forth for all 54 socioeconomic variables. It is also found for all strata in between, as, for example, considering only counties of average urban-rural balance, or considering only counties of average wealth, or considering only counties of average medical care, etc.

The possibility of confounding by combinations of socioeconomic variables was studied by multiple regression analyses and found not to be an important potential explanation for the discrepancy.

The stratification method was used to investigate the possibility of confounding by geography, by considering only counties in each separate geographical region, but the results were similar for each region. The stratification method was also used to investigate the possibility of confounding by physical features such as altitude, temperature, precipitation, wind, and cloudiness, but these factors were of no help in explaining the discrepancy. The negative slope and gross discrepancy with LNT theory is found if we consider only the wettest areas, or if we consider only the driest; if we consider only the warmest areas, or if we consider only the coolest; if we consider only the sunniest, or if we consider only the cloudiest; etc.

The effects of the two principal recognized factors that correlate with both radon and smoking were calculated in detail: (1) urban people smoke 20% more but average 25% lower radon exposures than rural people; (2) houses of smokers have 10% lower average radon levels than houses of non-smokers. These were found to explain only 3% of the discrepancy. Since they are typical of the largest confounding effects one can plausibly expect, it is extremely difficult to imagine a confounding effect that can explain the discrepancy. Requirements on such an unrecognized confounder were listed, and they make its existence seem extremely implausible.

Updates on original paper

Our 1995 paper was based on lung cancer rates for 1970-1979, the latest age adjusted data available at that time. Recently, age adjusted lung cancer rates for 1979-1994 have become available. When these are used, the slopes, B, are changed from -7.3 to -7.7% per pCi/L for males, and from -8.3 to -8.2 % for females. Since there are more lung cancer cases included, the standard deviations of these B-values are reduced, increasing the discrepancy with the predictions of LNT to about 30 standard deviations.

The 54 socioeconomic variables (SEV) used in the original paper were from the 1980 Census. About 450 new SEV from the 1990 Census have now been introduced and investigated. These include the percentage of the population: in 31 different age intervals; with annual income in 10 intervals per capita, per family, and per household; persons, families, and households below the poverty level, with householder age >65, with children age <5, and with children age 5-17; educational attainment of head of household in 7 categories; percentage of housing units in 20 different ranges of dollar value; age of house in 8 intervals; years family lived in present house in 6 ranges; number of housing units in the structure in 9 intervals; number of persons in the household; age of head of household in 7 ranges; number of bedrooms; 13 different plumbing and heating characteristics; availability of motor vehicles and telephones; rent in 6 intervals; rent and owner occupied costs as percentage of income in 6 intervals; percent of population of 5 different races, 33 different ancestries, with 17 different languages spoken in the home; year of entry for foreign born in 10 intervals; percentage of population foreign born, born in different section of U.S., and born in a different state; etc. Other categories of the newly added SEV are family type and presence and age of children, school enrollment, labor force characteristics, methods and times for commuting to work, marital status by sex and age, children ever born to women by age and marital status, and percent of workers in 72 different occupational categories, and in 17 categories of industry. None of these SEV had |CORR-r| >0.5, and stratification studies for all variables with |Corr-r| >0.3 gave no indication that any of them would help explain our discrepancy.

The ecological study issue

Most criticisms of our study have been based on generalized criticisms of ecological studies that have appeared in the literature and are widely recognized. But there are many very important differences between our work and other ecological studies. One such difference is in the quantity of data involved. Most ecological studies involve 10-20 (or less) groups of people, whereas ours involves 100 times that number (1729 counties). Not only does that give a tremendous improvement in statistical accuracy, but it allows much more elaborate and sophisticated analyses to be done, including consideration of large numbers of potential confounding factors and use of stratification techniques.

A more important difference is that our work avoids the "ecological fallacy"; I know of no other ecological study that contains that feature. That alone makes our paper very different from the others, and should earn it the right to be considered free from the prejudice attached to consideration of other ecological studies.

Ecological studies are normally viewed as being fast, simple to carry out, and inexpensive, but none of these adjectives applies to our project. It was the focus of my research effort for many years. Our radon measurements extended over six years and involved hundreds of assistants with millions of dollars in salaries, and the completely separate EPA and State-sponsored measurements we used were comparably elaborate. Our data analysis efforts involved dozens of assistants and several years of their efforts and mine. Without the power of modern computers and software packages, which have not been available until quite recently, such analyses would have been completely impractical. I know of no other ecological study to which any of the considerations of this paragraph would apply.

Since any deep understanding of how radon causes lung cancer must be based on its effects on individuals, it is essential to study the problem in terms of risks to individuals, which seems contrary to the ecological approach. However our treatment is based on risks to individuals (cf derivation of Equation (1) above). That theory is then developed by rigorous mathematics to obtain the prediction, Equation (1), we use to compare with observations. This is a time-honored procedure in science; for example, Newton's famous formula,

$$F = m a$$

is rarely tested by direct measurements of acceleration, a, but rather, the formula is developed mathematically to determine distance travelled vs time which is much easier to measure, as a test of the theory.

This process is described by the illustrious Nobelist Richard Feynman as follows: ".....we look for a new law by the following process: first we guess at it. Then we compute the consequences of the guess to see what would be implied if this law we guessed is right. Then we compare the result of the computation with ......observation, to see if it works. If it disagrees with experiment [the law] is wrong. In that simple statement is the key to science. It does not make any difference how beautiful your guess is. It does not make any difference how smart you are, who made the guess, or what his name is - if it disagrees with experiment it is wrong. That is all there is to it."

In our case, the law that "was guessed at" is LNT for individuals, and the consequences that were computed was the relationship between lung cancer rates in counties and average radon exposures in those counties, with suitable corrections for confounding factors. "Our discrepancy" is that the computed relationship is very different from the observed relationship.

Negative slopes and conflict with data from case-control studies

It is frequently suggested that the negative slopes in our data for m vs r (i.e. m decreases with increasing r) are incredible and are in conflict with the results of the case-control studies. It should be recognized at the outset that case-control studies investigate the causal relationship between radon exposure and lung cancer, whereas our work has the much more limited objective of testing the linear-no threshold theory; if that theory fails as we have concluded, "the ecological fallacy" becomes relevant and our results cannot be directly interpreted as representing the risks to individuals. We have therefore never claimed that Figure 9 gives risks to individuals, or that low level exposure to radon is protective against lung cancer. Our only conclusion is that LNT fails very badly, grossly over-estimating the cancer risk of low level radiation.

However, if one insists on interpreting our data as representing the dose-response relationship to individuals, it should be recognized that the negative slopes in our data are entirely based on radon exposures in the range r = 0 - 3.5 pCi/L (0 - 130 Bq/m^3), whereas the case-control studies give essentially no information on the slope in this region, as is evident from Figures 7 and 8.

Cross-level bias

In a presentation to NCRP (Feb.17, 1998), Jay Lubin dismissed my work as useless by a mathematical demonstration of the "cross level bias problem" (Greenland and Robins 1994), showing that an ecological study does not do an adequate job in handling a confounding factor. This problem was addressed in some detail in Cohen 1995 and in Cohen 1997 where I describe it as "the ecological fallacy for confounding factors (CF)". The classical "ecological fallacy" arises from the fact that the average dose does not, in general, determine the average risk, but I avoid this problem by designing my study as a test of the linear-no threshold theory (LNT) - in LNT, the average dose does determine the average risk. Use of separate and independent risks for smokers and non-smokers avoids this problem for smoking prevalence. However, this problem does arise for other CF - the average value of a CF does not adequately determine its confounding effects, as demonstrated mathematically by Lubin.

For example, consider annual income as a CF that might confound the radon vs lung cancer relationship - maybe very poor people have lower radon levels and for unrelated reasons, have higher lung cancer rates than others. As Lubin's demonstration shows, average income is not necessarily a measure of what fraction of the population is very poor. A case-control study, in principle, selects cases and controls of matched incomes (although this is not always done, and is still less frequently done well).

My approach to this problem is to use a large number of CFs. For the example under discussion, I use as CF the fraction of the population in various income brackets, <$5000/y, $5000 - $10,000/y, ..., >$150,000/y (10 intervals in all). In addition, I consider combinations of adjacent brackets, and other related characteristics such as the fraction of the population that is below the poverty line, the percent unemployment, etc. We have found that smoking prevalence, which is very strongly correlated with lung cancer, must have at least a 25% correlation (Corr-r = -0.5) with radon to have a significant effect, but none of the above CF have a correlation larger than 7%. This convinces me that income is not an important confounder of the lung cancer vs radon relationship. It is not a mathematical proof, so my mind is open. If someone can come up with a not implausible model in which income can have an impact, I will be happy to concede.

It is not difficult to devise a model in which cross level bias could nullify our results. For example, we might suppose that those with an income that is an integral multiple of $700 have 50 times lower radon and 50 times higher lung cancer rates than average.

I have no data to show that this is not the case. But such a model is not acceptable for two reasons:
(1) It is not plausible
(2) It would also not be taken care of in case-control studies (they don't match incomes with that precision)

What is needed is a model that avoids these two limitations. These limitations are effectively corollaries to Lubin's mathematical proof.

Of course annual income is not the only CF that must be considered. Another example is age distribution. Case-control studies match cases and controls by age, and as Lubin's mathematical demonstration shows, average age in a county does not handle this problem in our study. Of course I do use age-adjusted mortality rates which take care of the gross aspects of that problem, but there are limitations in the age-adjustment process. My solution is to use as CF the percent of the population in each age bracket, <1y, 1-2y,......., 80-84y, >85y, 31 age brackets in all, and to also use combinations of adjacent age brackets. None of these age brackets had correlations with radon above 4% with the exception of the >85y bracket where the correlation was 7.7%. This was further investigated by stratification, using five strata of 320 counties each and determining the slopes, B, (cf. Equation (2) above) of the lung cancer vs radon relationship for each stratum. As we go from the stratum with the lowest to the stratum with the highest percent of population with age >85y, B values for males were -10.1, -6.4, -6.1, -4.7, and -7.2 % per pCi/L, and for females they were -6.3, -2.0, -9.1, -3.5, -10.7 % per pCi/L, whereas LNT predicts B = +7.3 % per pCi/L. Since the value of B is negative and grossly discrepant with the LNT prediction for all cases, and there is no consistent trend in its variations, I conclude that the correlation between radon and elderly people cannot explain our discrepancy. I can't prove this mathematically, but I can't concoct a not-implausible model in which variations of radon and lung cancer with age helps substantially to explain our discrepancy. As Lubin's proof shows, it is possible to concoct a model to explain our discrepancy - e.g. we might assume that those born on the first day of a month have 50 times higher radon levels and 50 times lower lung cancer rates than others - but that does not satisfy our two corollaries to Lubin's proof.

There are few, if any, other bases on which case-control studies match cases and controls, but in my study I gave similar treatments to a host of other potential confounding factors: educational attainment, urban vs rural differences, ethnicity, occupation, housing, medical care, family structures, etc., etc. I have found nothing that can explain our discrepancy.

The smoking-radon interaction

Our Equation (1), derived to relate lung cancer rate, m, to r and S is

$$m = [S\, a_s + (1-S)\, a_n]\, (1+Br)$$

where a and B are constants. This has given many the impression that we have assumed some special and simple (linear) relationship between smoking and radon exposure in causing lung cancer. Despite the appearance of the above equation, that is not the case, as we now demonstrate.

BEIR-IV considers smokers and non-smokers as separate "species", each with its own lung cancer risks. The relationship between radon and smoking in causing lung cancer in an individual can be infinitely complex. In utilizing the BEIR-IV model to mathematically derive the mortality rate for a county, the fraction of the county population that smokes, S, logically arises and the result is the above formula. Note that S is not the intensity of smoking by an individual, but it is simply the fraction of the population that smokes cigarettes, the fraction of the population that is in that "species".

If counties kept separate statistics on cause of death for smokers and non-smokers, S would not be involved. We could do two completely separate and independent studies for smokers and non-smokers. It is only because counties do not keep separate statistics that we must combine these two studies, and this introduces the relative sizes of the two groups which is represented by S.

Conclusion

Since no other plausible explanation has been found after years of effort by myself and others, I conclude that the most plausible explanation for our discrepancy is that the linear-no threshold theory fails, grossly over-estimating the cancer risk in the low dose, low dose rate region. There are no other data capable of testing the theory in that region.

An easy answer to the credibility of this conclusion would be for someone to suggest a potential not implausible explanation based on some selected variables. I (or he) will then calculate what values of those variables are required to explain our discrepancy. We can then make a judgement on the plausibility of that explanation. To show that this procedure is not unreasonable, I offer to provide a not-implausible explanation for any finding of any other published ecological study. This alone demonstrates that our work is very different from any other ecological study, and therefore deserves separate consideration.

References

Azzam EI, de Toledo SM, Raaphorst GP, Mitchel REJ. Low dose ionizing radiation decreases the frequency of neoplastic transformation to a level below spontaneous rate in C3H 10T1/2 cells. Radiat. Res. 146 (1996) 369-373

Cardis E, Gilbert ES, Carpenter L, et al. Effects of low dose and low dose rates of external ionizing radiation: Cancer mortality among nuclear industry workers in three countries. Radiat. Res. 142 (1995) 117-132

Clarke R. President of ICRP: Address at Massachusetts Institute of Technology, December 8, (1997)

Cohen BL. The cancer risk from low level radiation. Health Phys. 39 (1980) 659-678

Cohen BL. Relationship between exposure to radon and various types of cancer. Health Phys. 65 (1993) 529-531

Cohen BL. Test of the linear-no threshold theory of radiation carcinogenesis for inhaled radon decay products, Health Phys. 68 (1995) 157-174

Cohen BL. Problems in the radon vs lung cancer test of the linear-no threshold theory and a procedure for resolving them. Health Phys. 72 (1997) 623-628

Cohen BL. The cancer risk from low level radiation. Radiat. Res. 149 (1998) 525-528

Davis HG, Boice JD, Hrubec Z, Monson RR. Cancer mortality in a radiation-exposed cohort of Massachusetts tuberculosis patients. Cancer Res. 49 (1989) 6130-6136

Evans RD. Radium in man. Health Phys. 27 (1974) 497-510

Fritz-Niggli H, Schaeppi-Buechi C. Adaptive response to dominant lethality of mature and immature oocytes of D. Melanogaster to low doses of ionizing radiation: effects in repair-proficient and repair deficient strains. Int. J. Radiat. Biol. 59 (1991) 175-184

Greenland S, Robins J. Ecologic studies: biases, misconceptions, and counter examples. Am. J. Epidemiol. 139 (1994) 747-760

Howe GR. Lung cancer mortality between 1950 and 1987 after exposure to fractionated moderate dose rate ionizing radiation in the Canadian fluoroscopy cohort study and a comparison with lung cancer mortality in the atomic bomb survivors study. Radiat. Res. 142 (1995) 295-304

Kelsey KT, Memisoglu A, Frenkel A, Liber HL. Human lymphocytes exposed to low doses of X-rays are less susceptible to radiation induced mutagenesis. Mutat. Res. 263 (1991) 197-201

Liu SJ. Multilevel mechanisms of stimulatory effect of low dose radiation on immunity. In: Low Dose Irradiation and Biological Defense Mechanisms (Eds.: Sugahara T, Sagan LA, Aoyama T). Excerpta Medica, Amsterdam, London, New York, Tokyo (1992)

Lubin JH, Boice JD. Lung cancer risk from residential radon: meta-analysis of eight epidemiologic studies. J. Nat. Cancer Inst. 89 (1997) 49-57

Makinodan T, James SJ. T cell potentiation by low dose ionizing radiation: possible mechanisms. Health Phys. 59 (1990) 29-34

Miller AB, Howe GR, Sherman GJ, Lindsay JP, Yaffe MJ, Oinner PJ, Risch HA, Preston DL. Mortality from breast cancer after irradiation during fluoroscopic examinations in patients being treated for tuberculosis. N. Engl. J. Med. 321 (1989) 1285-1289

Pollycove M. Human biology, epidemiology, and low dose ionizing radiation. Presentation to NCRP, Bethesda, MD, Feb. 17, (1998)

Pierce DA, Shimizu Y, Preston DL, Vaeth M, Mabuchi K. Studies of the mortality of atomic bomb survivors, Report 12, Part 1, Cancer: 1950-1990. Radiat. Res. 146 (1996) 1-27

Raabe OG. Three dimensional models of risk from internally deposited radionuclides. In: Internal Radiation Dosimetry (Ed.: Raabe OG.). Medical Physics Publishing, Madison, WI. (1994) 30, 633-656

Shadley JD, Dai GQ. Cytogenic and survival adaptive responses in G-1 phase human lymphocytes. Mutat. Res. 265 (1992) 273-281

Sinclair W. President-Emeritus of NCRP, Quoted in Nucleonics Week 36 (46) November 14, 1996

UNSCEAR (United Nations Scientific Committee on Effects of Atomic Radiation). Report to the General Assembly, Annex B: Adaptive Response. United Nations, New York; 1994

Acknowledgement

The author is greatly indebted to Dr. Myron Pollycove (U. S. Nuclear Regulatory Commission) for very helpful discussions and references to relevant publications.

Address: Prof. Dr. B. L. Cohen
University of Pittsburgh
100 Allen Hall
Pittsburgh PA, 15260, USA

Low-Dose Irradiation Appears to Reduce Endogenous DNA Damage

L. E. Feinendegen[1], V. P. Bond[2], C. A. Sondhaus[3]

[1]Nuclear Medical Department, Clinical Center, National Institutes of Health, Bethesda, MD
[2]Research Faculty, Washington State University, Richland, WA
[3]Department of Radiology and Radiation Control Office, University of Arizona, Tucson, AZ

Summary

Several epidemiological and experimental data support the existence of a threshold or even beneficial (hormetic) effects at low-doses and low dose rates of low-LET radiation. The approach outlined in this presentation, although incomplete, suggests that the linear-no-threshold hypothesis needs to be reexamined. More generally, the presented model offers a conceptual framework for investigating the probability of late effects in terms of the different cellular responses occurring at low doses, where epidemiological analyses are severely limited by the need for large populations.

Introduction

Ionizing radiation is known to interfere potentially with cellular functions at all levels. Cell death and late effects such as malignant tumors may result. Both stem from permanent damage to DNA in the affected cells. Most experimental studies have used relatively high values of absorbed dose D, above about 0.3 Gy. In humans acutely irradiated with about 0.3 to 2 Gy, the risk of cancer in the exposed individuals appears to be proportional to D (UNSCEAR 1994).

DNA damage is less readily observed in low-dose irradiated living cells and tissues; acute and temporary metabolic changes have been quantified at even less than 0.01 Gy (Zamboglou et al. 1981, Sugahara et al. 1992; UNSCEAR 1994; Academie des Sciences 1997). Irrespective of largely unknown details these changes express adaptive responses in that they temporarily stimulate the physiological system with which cells protect themselves and tissues against production and accumulation of DNA damage. Most DNA damage measured at background radiation levels stems from different endogenous and environmental sources (Feinendegen et al. 1995). The protection system involves components of damage prevention, repair, and removal by intra- and intercellular mechanisms. They may summarily be denoted as DNA damage-control system (Pollycove et al. 1998).

The effect of adaptive responses in irradiated cells and tissues depends on the absorbed dose, on the response type, degree and duration, and on the ratio of DNA damages produced endogenously to that from irradiation (Feinendegen et al. 1995). Whereas types, degree and duration of adaptive responses have been reviewed repeatedly (Sugahara et al. 1992; UNSCEAR 1994; Academie des Sciences 1997), their dose response function is less well appreciated (Feinendegen et al. 1995, 1996). The ratio of DNA damage produced endogenously to that from background radiation has recently been estimated on the basis of published data and justified assumptions; it exceeds several orders of magnitude (Pollycove et al. 1998). The dual effect probability of low-dose irradiation, one producing and one reducing damage, poses new challenges to the understanding and quantification of risks from low-doses.

The present paper addresses the role of the various adaptive responses in the probability of tissue effects caused by low doses of ionizing radiation. Tissue effects are the consequences of different cellular responses to energy deposition in single cells and intercellular matrix (Feinendegen et al. 1991). However, tissue doses fail to directly express doses to cells and cell-equivalent masses of matrix (ICRU 1983). Thus, tissue doses need to be converted to cell doses in order to assess individual cellular responses and their probabilities. The cumulative examination of dose and effect on the cellular level in complex tissues has been shown to allow the expression of tissue risk, using cancer as an example (Feinendegen et al. 1995, 1996).

In applying this approach here for further theoretical development and experimental testing, the dose to the cell mass is first defined for both acute and protracted exposure. The extent of endogenous DNA damage is summarized next and then compared with radiation-induced DNA damage. The low-dose induced different cellular responses, both damaging and protective, are then assessed and examined as a function of dose. The combination of the probabilities of endogenous and radiation-induced DNA damage, and of the radiation-induced protection mainly against endogenous DNA damage at various doses indicates the overall risk, using cancer as an example. Risks from DNA damage at low doses can, thus, be assessed, where epidemiological studies alone are inadequate because of statistical limitations. The analysis suggests that the validity of the linear-no-threshold hypothesis should be reassessed.

Health Effects of Low-Level Radiation

Dose to tissues and cells

The absorption of penetrating ionizing radiation in matter results in the deposition of discrete amounts of energy from particle tracks that arise stochastically throughout the exposed matter (ICRU 1983). For any exposure, the energy deposited by a single track in a defined spherical mass of microscopic dimension, here called micromass, is an event with magnitude conventionally described by the term specific energy, z_i. The relevant micromass is here taken to be 1 ng with a radius of about 12 µm and represents one average cell volume of spherical shape (Feinendegen et al. 1994). The cell must be viewed as a living whole with its structural and functional components interacting through signaling networks cooperating in cascades of complexity. The averaging of the tissue micromass over all cell types follows the practice used in calculations for radiation protection. The single energy deposition event in the micromass is called a hit, and the incidence of such hits is denoted by N_H. The value of z_i as defined by the micromass has been called the hit size, cell-dose, or microdose, and $\underline{z}_i$ denotes its mean value. The present paper uses the term microdose. The cell-dose is made up of microdoses.

The ratio of the number of hits of all sizes, N_H, to the number of exposed micromasses, N_e, multiplied by the mean microdose, $\underline{z}_i$, is equal to D:

$$D = \underline{z}_i \times N_H/N_e \qquad (1)$$

Since $\underline{z}_i$ remains constant for a given type of radiation, only N_H/N_e increases in proportion to D and $\underline{z}_i$ and N_H/N_e are inversely related to each other.

Dose rate in tissues expresses repetitive doses to cells

According to equation (1), during exposure to a defined radiation field the dose rate D per unit time t is

$$D/t = \underline{z}_i \times (N_H/N_e) \times (1/t)$$
or
$$D/t = \underline{z}_i/(t \times N_e/N_H) \qquad (2)$$

The denominator $(t \times N_e/N_H)$ is equal to $(t \times \underline{z}_i/D)$ and gives the average time interval between two consecutive hits per exposed micromass (Feinendegen et al. 1988). This time interval allows the hit cell to acutely respond and may be long enough for a second hit not to interfere. Here, only such single or protracted exposures are considered, in which (t × N_L/N_H) is sufficiently long for early cellular responses and repair without interference from a second hit.

DNA damage from normal metabolism

DNA damage in mammalian tissues is in a steady state and originates from various processes. Included are erroneous base-pairing during DNA replication, effects from thermal instability and environmental toxins, but appears to be mainly caused by reactive oxygen species (ROS) derived from normal oxidative metabolism. Whereas erroneous base pairing during DNA replication has a relatively low probability of about 10^{-10} per base pair, DNA oxidative adducts, in short oxiadducts, from endogenous ROS alone are taken to amount on average to about 30,000 per cell at any time (Ames et al. 1995; Beckman et al. 1997; Helbrock et al. 1998). The individual half-times of elimination of 10 different DNA oxiadducts have been measured to vary from a few minutes to about an hour (Jaruga et al. 1996), others perhaps longer than a day (Helbrock et al. 1998). Taking an average elimination half-time of 30 minutes, and a turnover time of about 45 minutes, approximately 10^6 DNA oxiadducts per cell are calculated to be produced per cell per day (Pollycove et al. 1998). This compares with about 5×10^{-3} DNA alterations including base changes, single strand breaks and double strand breaks on average per cell per day from low-LET background radiation of 1 mGy per year. This estimate assumes linearity between absorbed dose and extent of DNA damage. In other words, the ratio of production of DNA oxiadducts from normal metabolism to that of DNA alterations from above background low-LET radiation in the exposed tissue is about 2×10^8 (Pollycove et al. 1998). This huge ratio alone indicates that the existing complex system that controls DNA damage in normal cells and tissues and, thus, maintains cellular and tissue integrity must have evolved in response to endogenous and not radiation-induced damage.

Regarding the quality of alterations, DNA double strand breaks, DSB, are considered to be a measure of potentially serious detriment contrary to single strand breaks, SSB, and base changes which are much more efficiently repaired than DSB. The latter are considered to be caused by the effect of clusters of ROS or by DNA alterations adjacent on opposite strands typical for radiation effects (Ward 1988). Endogenously produced ROS are comparatively widely spaced and the probability of DNA oxiadducts being formed adjacent to each other is taken to be extremely small. Yet, the numerical value of clustering effect on DNA from the large numbers of DNA oxiadducts and subsequent SSB formed all the time is considered not to be negligible. Thus, established biological data allow to calculate the daily production of an average of 0.1 DSB per cell from about 10^6 metabolically produced DNA oxiadducts (Pollycove et al. 1998). By comparison, and assuming again linearity between absorbed dose and extent of DNA damage, 1 mGy per year from low-LET background radiation gives the probability of about 1×10^{-4} DSB per average cell per day. In other words, the ratio of cellular production of DSB from endogenous metabolism to the DSB from background radiation per average cell per day is close to 10^3. Within this calculated relatively large fraction of endogenous DSB, the spectrum of biochemical characteristics is expected to include those similar to the radiation-induced DSB. The efficacy of the complex repair mechanisms operating in normal cells in eliminating most of the relatively rare radiation-induced DSB also justifies this appraisal.

Normal cells and tissues control damage to their DNA by various protective mechanisms (Alberts et al. 1989; Wallace 1988; Wei et al. 1993; Lohman et al. 1995; Jaruga et al. 1996; see abstracts: Rad. Res. Soc. 1998). These mechanisms embrace: (1) damage prevention, mainly by detoxification of ROS, (2) enzymatic repair at various levels of damage complexity, and (3) removal of damaged cells by apoptosis, differentiation, and immune responses. This DNA damage-control system of normal cells has been calculated to reduce the probability of fixed endogenous DNA damage or mutation to about one event per average cell per day (Pollycove et al. 1998).

The three principal components of protective mechanisms controlling DNA damage are likely similarly effective on both endogenous and radiation-induced DNA alterations including base changes, SSB and, more rarely, DSB. Thus, the ratio of production of fixed DNA damage or mutations from endogenous sources to that from background radiation per average cell per day must be much larger than 10^3, the calculated ratio of DSB production from the two sources. It is probably close to 10^7 per average cell per day (Pollycove et al. 1998) or close to $10^4 - 10^5$ per individual cell that is actually hit from background radiation per day, i.e., 1 in about 300 cells.

A correlation appears to exist between the extent of endogenously caused persistent DNA damage and the incidence of cancer or degenerative diseases (Cleaver 1968; Wei et al. 1993; Lohman et al. 1995; Ames et al. 1995). For the present discussion, the probability of spontaneous oncogenic cellular transformation arising from endogenous DNA damage at any time during the life span of a potentially oncogenic stem cell is derived from the tumor it causes in the exposed individual. The value of this probability includes effects from all oncogenic toxins including background radiation and is in the order of 10^{-11} (Feinendegen et al. 1995). It has been estimated from the average incidence of spontaneously occurring leukemia in industrialized countries and the probable number of hemopoietic stem cells in humans.

Responses of cells at low doses

Effects of single irradiation on cells and tissues have usually been studied employing absorbed tissue doses that cause cell-doses well above about 0.3 Gy (see abstracts: Rad. Res. Soc. 1998). Damage to DNA and its repair is the major focus of such studies. The extent of primary DNA alterations appears to be linearly related to dose and deviations from linearity observed in living cells and tissues are usually attributed to secondary biological interventions. The measurement of DNA damage from cell-doses lower than about 0.3 Gy is increasingly confounded by the amount of mainly endogenously produced DNA damage. Indeed, the probability of an oncogenic cellular transformation causing a tumor in humans per microdose event, i.e. per hit, is exceedingly small in case of low-LET radiation, on the order of 10^{-14} for radiation-induced leukemia (Feinendegen et al. 1991).

On the other hand, cell-doses of less than 0.2 Gy of low-LET radiation have been readily observed to slowly induce acute and reversible changes in metabolism and function and to temporarily stimulate the various components of the DNA damage-control system in different cells and tissues (Zamboglou et al. 1981, Sugahara et al. 1992; UNSCEAR 1994; Academie des Sciences 1997). In single cell microorganisms in a growth medium, background radiation proved to stimulate growth (Planel 1965, 1992). Low-dose responses have been regarded as physiological reactions of such cells to background radiation (Planel 1965) and in mammalian cells not necessarily specific for radiation but related to ROS with the entire cell being the target mass (Feinendegen et al. 1982, 1983); low-dose responses were shown to potentially adapt and protect various mammalian cells against renewed irradiation (Olivieri et al. 1984; Wolff et al. 1988, Feinendegen et al. 1988). The proven effect of intercellular communication in causing DNA damage *in vitro* and *in vivo* (Nagasawa et al. 1992; Emerit et al. 1995) suggests that adaptive responses may also be initiated by extracellular factors as well.

All three principal components of the DNA damage-control system were seen to be affected by low cell-doses:

a) Low doses of low-LET radiation even below 0.01 Gy temporarily changed intracellular metabolism in mouse bone marrow for a period of about 10 hours (Zamboglou et al. 1981). The change was shown to be related to a temporary depression of the enzyme thymidine kinase in conjunction with a stimulation of detoxification of ROS (Feinendegen et al. 1982, 1984, 1987, 1988; Laval 1988; Hohn-El-Karim et al. 1990). Similar results in rodents have been reported from various laboratories: temporarily reduced uptake of the thymidine analogue 5-iodo-2-deoxyuridine (IUdR) into cellular DNA (Misonoh et al. 1992), a longer lasting increased activity of superoxide-dismutase (SOD) and a concomitantly reduced rate of membrane oxidation in irradiated tissues (Yamaoka et al. 1992). These data relate to prevention of damage.

b) Stimulation of DNA repair in human lymphocytes appears to be involved in low-dose induced protection of hit cells against chromosomal aberrations from subsequent high-dose irradiation, lasting several days (Olivieri et al. 1984; Wolff et al. 1988; Wolff 1996; Ikushima et al. 1996); also reported was induced protection against somatic mutations (Rigaud et al. 1993) and against spontaneous oncogenic transformation in cell culture (Azzam et al. 1996). Low-dose induced DNA repair was indeed demonstrated with an ultrasensitive assay for *in vivo* DNA damage that occurs both endogenously and after irradiation in tissue culture cells (Le et al. 1998). The various mechanisms of protection may be directly or indirectly linked with the control of cell cycle check points (Boothman et al. 1996; Tubiana 1996).

c) Low-dose induced removal of damage from tissues may operate through apoptosis depending on cell type in a linear or curvilinear relation to dose (Kondo 1993; Shu-Zheng et al. 1996; Ohyama et al. 1998); in mouse spleen cells apoptosis appeared at a maximum at 4 hours after 0.5 Gy x-irradiation with a return to normal values within about 20 hours thereafter (Fujita et al. 1998). Changing incidences of cell killing from high to low values with increasing doses to radioresistant cells were invoked as expressions of programmed damage elimination at low doses (Joiner et al. 1996). Low-dose induced stimulation of immune competence was shown in rodents to peak at about 0.1 – 0.2 Gy and to last for several weeks (James et al. 1990; Makinodan 1992; Anderson et al. 1992).

Cell protection at low doses declines at high doses

In the case of ROS detoxification a quantitative relation between dose and degree of adaptive response has been developed using single whole body exposures of mice to low-LET radiation resulting in average cell-doses from less than 0.01 Gy up to 1 Gy. The thymidine kinase inhibition assay was used. As stated above, at cell doses even below 0.01 Gy isolated mouse bone marrow cells showed partial inactivation of thymidine kinase (Zamboglou et al. 1981; Feinendegen et al. 1984). This response developed slowly with a delay of some

30 minutes, reached a maximum at 4 hours and disappeared by about 10 hours after irradiation. The maximum inhibition of the enzyme at 4 hours was dose dependent and remained at a plateau with doses above about 0.01 Gy; however, IUdR incorporation into DNA continued to decline. The concentration of cellular reduced glutathione increased in synchrony with the time course of enzyme inhibition expressing a temporarily stimulated detoxification of ROS; *vice versa*, an increase in cellular reduced glutathione caused enzyme inhibition (Feinendegen et al. 1987, 1988, 1995; Hohn-El-Karim et al. 1990). Moreover, with the mice being on a vitamin E deficient diet, the concentration of reduced glutathione in the bone marrow was increased and thymidine kinase activity was reduced to the minimum level seen after low-dose irradiation (Feinendegen et al. 1987); this also indicates the coupled response of thymidine kinase and the ROS detoxification system against metabolic challenges.

When low-dose irradiated mice were challenged 4 hours later with the same single average cell-dose of 0.01 Gy or 0.1 Gy, the initially inhibited thymidine kinase and IUdR uptake in the exposed bone marrow cells rapidly converted to normal level (Feinendegen et al. 1988). The effectiveness of this reversion of enzyme inhibition, i.e. of protection, declined when the second dose rose above about 0.1 to 0.2 Gy and fully disappeared above 0.5 Gy (Feinendegen et al. 1995).

The above dose-response relation regarding the activity of thymidine kinase appears principally similar to the inverse response regarding chromosomal aberrations following increasing single doses in human lymphocytes. Thus, after single low doses of low-LET radiation, chromosomal aberrations in human lymphocytes *in vitro* first declined significantly below background level before a dose dependent increase was seen above 0.05 Gy (Pohl-Rueling et al. 1983). Moreover, single low-LET irradiation at doses below but not above about 0.1 Gy conditioned human lymphocytes *in vitro* to become partially protected against chromosomal aberrations after high-dose irradiation; this protective effect reached its maximum at about 4 hours and lasted to about 60 hours after the conditioning low-dose irradiation (Wolff et al. 1988; Shadley et al. 1987, 1989, 1992; Wolff 1996). Another example that fits an inverse dose-response function was reported for apoptosis in mouse thymocytes; at 24 hours after single low-LET irradiation up to about 0.2 Gy, the incidence of apoptosis was significantly reduced below background level and only rose with higher doses in a seemingly linear fashion (Shu-Zheng et al. 1996). Various immune responses in rodents were stimulated over several weeks following single low-LET low doses, whereas an immune depression occurred with doses exceeding about 0.2 Gy (James et al. 1990; Makinodan 1992; Anderson et al. 1992). An inverse dose-response function also applies to the data reported for various radioresistant cell lines; they showed an increased mortality rate only at single low-LET low doses, with a maximum at about 0.2 to 0.3 Gy after which resistance to radiation took over (Joiner et al. 1996). Also, the expression of the c-jun gene in tissue culture cells responded to low- but not high-LET radiation in the low-dose range (Woloschack et al. 1992).

Obviously, low cell-doses cause protective responses in the exposed cells to last from hours to weeks depending on the involved components of the DNA damage-control system. It is justified to suggest that these responses are related to radiation-induced signaling at least partly involving oxygen stress (Laval 1988).

The common denominator of these low-dose effect data appears to be a cellular reaction that is confined to low cell-doses, with a maximum at about 0.1 - 0.2 Gy, and temporarily induces protection against the production and/or accumulation of DNA damage that arises overwhelmingly from endogenous sources, mainly ROS. This reaction also triggers a temporary protection against DNA damage that is caused by high cell-doses when these are given up to several days after low-dose exposure. High doses so far could not be demonstrated to initiate this temporary protection.

Indeed, the protective responses induced by single low but not detectable after high cell-doses appear to belong to a DNA damage-control system that differs from the well studied cellular DNA repair responses usually observed after high cell-doses of either low- or high-LET radiation (Kleczkowska et al. 1996). The DNA repair after high cell doses may be regarded as more robust, belonging to a higher order cascade of reactions to acute DNA damage than the more subtle adaptive responses seen after low cell doses. The adaptive responses obviously collapse or are consumed as damaging events in cells increase. Apparently, stress responses restricted to low cell-doses condition the expression of repair genes when challenged at high doses. Also, repair mechanisms usually seen after high doses lose effectiveness with increasing doses depending on cell type, with concomitant jeopardy to cellular integrity (Academie des Sciences 1997).

Probability of cellular responses

1) Oncogenic transformation

In this discussion, the probability per average microdose event, or hit, of initiating a malignant tumor is assigned the term p_{ind}. Its value is derived from cancer incidences observed after high doses and by extrapolating incidence linearly to zero dose. Thus, included in p_{ind} are both the oncogenic cellular transformation and the escape from protective mechanisms that operate at high doses. For example, acute high-dose exposure induces human leukemia proportionally to dose; at this high dose, p_{ind} is estimated to be approximately 10^{-14} per average hit from low-LET radiation in human hemopoietic stem cells (Feinendegen 1991, 1995). This value has been obtained using the probable number of hemopoietic stem cells in humans and the risk coefficient of leukemia in the case of the atom bomb survivors, and converting tissue dose to microdoses. Interestingly, p_{ind} for cell transformation in tissue culture is about 10^{-5} and thus many orders of magnitude higher than for human hemopoietic stem cells in tissue (Hall et al. 1985). Cellular sensitivity and defense mechanisms in culture are obviously different from those in tissue.

The value of p_{ind}, as defined above, is taken to be an average constant per hit. If an enhancement of p_{ind} for instance by way of genetic instability were to result from an increase in the number of simultaneous hits, the probability of enhancement per hit would then be p_{enh}. It is not known whether p_{enh} occurs at cell-doses below about 0.2 Gy. It may be independent of the number of hits but, if it occurs, is likely larger than p_{ind}, and the product $p_{ind}p_{enh}$ may be a constant at low doses. Expectedly, *in vivo* genetic instability causes an increased rate of somatic mutations in the descendent cell population. However, these mutated cells are likely scavenged, for example, by a competent immune system. Otherwise, background radiation alone, which causes on average 1 in about 300 cells to be hit per day, would eventually produce mutated cells outnumbering normally functioning cells. Indeed, genetic instability can be considered as a kind of adaptive response of a last resort preventing damaged cells from accumulating in tissues. The value of p_{enh} is here taken to be negligible at low doses.

As stated above, the life span probability of spontaneous oncogenic transformation, p_{spo}, in a human hemopoietic stem cell, leading to a lethal cancer, is approximately 10^{-11} (Feinendegen et al. 1995).

2) DNA damage protection

For reasons discussed above, the various components of the DNA damage-control system must have evolved in cells and tissues to operate mainly against endogenous DNA damage. These components appear to reduce the probability of formation of fixed DNA damage events or mutations from endogenous DNA oxiadducts to about 1 per average cell per day (Pollycove et al. 1998). The stimulation of all three principal components in various cell types and species by low-dose irradiation demands consideration in risk assessment. In doing so, the assumption is made that fixed DNA damage or mutations irrespective of their origin have a defined probability of yielding an oncogenic cellular transformation. In order to put the DNA damage-control system into perspective for further studies, its effect in terms of fractional reduction of fixed DNA damage after irradiation compared to control is estimated here in terms of a cumulative probability of protection by all components per hit, p_{prot} (Feinendegen et al. 1995, 1996).

In contrast to the extremely low value of p_{ind}, the individual components causing the cumulative probability of protection, p_{prot}, can be easily measured even after single or few hits from low-LET radiation *in vivo* and *in vitro* in relatively small numbers of various cell types derived from different species, as described above. The value of p_{prot}, therefore, appears to be much larger than that of p_{ind}. Also, in contrast to p_{ind}, the value of p_{prot} has been shown to decline when the tissue dose or average cell-dose exceeds about 0.1 to 0.2 Gy of low-LET radiation with the equivalent number of simultaneous hits. To account for this dependency, p_{prot} is here denoted by $p_{prot}(D)$.

3) Connecting the several probabilities of cell response

Regardless of the mechanisms involved the p-values appear to vary with the species, cell type, and also with the hit size, i.e., the value of microdose. In order to connect p_{ind}, p_{enh} and $p_{prot}(D)$, they need to be related to the same radiation quality that determines the average hit size, and applied to the same cells. Also, the fraction of potentially oncogenic stem cells in a tissue is taken to be constant. Thirdly, linking the various p-values demands the definition of a common denominator of time. Thus, $p_{prot}(D)$ is transient, whereas p_{ind} and p_{spo} both express oncogenic cellular transformations as persistent DNA damage leading to tumor development over similarly long time spans. Consequently, one cellular oncogenic transformation with tumor development in the exposed tissue may be offset either by having a potentially oncogenic stem cell and its progeny experience a protective response repeatedly and often, or by letting a large number of such cells in the exposed tissue be protected simultaneously. Thus, the probability of protection against one oncogenic cellular transformation with tumor development is derived from the degree of radiation-induced temporary protection mainly against endogenous DNA damage per average cell, when multiplied by the quotient average duration of this protection to average time span from a cellular oncogenic transformation to tumor development (Feinendegen et al. 1995). For example, assuming the radiation-induced decrease in the rate of production of persistent DNA damage by a factor of 0.2 per hit cell to last an average of 10 days, and the average time span from cellular oncogenic transformation, be it endogenously or by irradiation, to tumor development to be 5 years, i.e. 1825 days, the value of $p_{prot}(D) \times N_H$ would be $0.2 \times 10/1825 \sim 10^{-3}$. This time corrected value of $p_{prot}(D)$ is here denoted as $p_{prot}(D,t)$. Of course, more accurate values for $p_{prot}(D,t)$ in specific cell systems need to be obtained experimentally.

The estimation of cancer risk from cellular responses

In earlier papers, it was proposed that the risk of cancer from low doses of ionizing radiation could be expressed as the cumulative probabilities of various cellular responses to microdose events, i.e. to hits (Feinendegen 1991, Feinendegen et al. 1995, 1996). It can be postulated that the risk of cancer (R) in an irradiated tissue is proportional to the ratio of the number of malignantly transformed cells, N_q, in that tissue to the number of exposed micromasses, N_e.

The conventionally used macroscopic dose-risk function for organs and tissues following low-dose or dose rate exposure is

$$R = \alpha \times D \tag{3}$$

Substituting for R the ratio N_q/N_e and for D using equation (1) (D = $\underline{z}_1 \times N_H/N_e$) and multiplying each side by N_e, the following equation results:

$$N_q = \alpha \times \underline{z}_1 \times N_H \tag{4}$$

This equation transforms the conventionally used dose-risk function at the cellular level into a hit-number-effectiveness function (Bond et al. 1995).

Because $\underline{z}_1$ in equation (4) is a constant for a given radiation quality, the proportionality constant α expresses the biological response of the irradiated system over a certain range of N_H. On the cell level, however, α is a composite of the various probabilities that express the principal dual radiation effect, i.e. the damaging and the protective effect, in the exposed tissue (Feinendegen 1991; Feinendegen et. al. 1995, 1996). As defined above:

p_{spo} = spontaneous oncogenic transformation with cancer development per cell,
p_{ind} = radiation-induced oncogenic transformation with cancer development per average hit,
p_{enh} = fractional enhancement of p_{ind} per average hit,
$p_{prot}(D,t)$ = protection against production and accumulation of damage to DNA and cancer in tissue, i.e. against p_{spo}, p_{ind}, and p_{enh}, per average hit.

Health Effects of Low-Level Radiation

Extending previous approaches (Feinendegen et al. 1995, 1996), the cumulative probability of persistent DNA damage that leads to cancer induction can be written as:

$$N_q = [p_{ind} + p_{ind}p_{enh} - p_{prot}(D,t)p_{spo} - p_{prot}(D,t)p_{ind} - p_{prot}(D,t)p_{ind}p_{enh}] \times N_H \quad (5)$$

Combining equations (4) and (5):

$$\alpha = [p_{ind}(1 + p_{enh}) - p_{prot}(D,t)(p_{spo} + p_{ind} + p_{ind}p_{enh})]/\underline{z}_1, \quad (6)$$

and solving for R in equation (3):

$$R = [p_{ind}(1 + p_{enh}) - p_{prot}(D,t)(p_{spo} + p_{ind} + p_{ind}p_{enh})](D/\underline{z}_1). \quad 7)$$

Since the value of p_{ind} is comparatively much smaller than p_{spo}, and p_{enh} is considered to be zero at low doses of low-LET radiation, and substituting for $(D/\underline{z}_1)$ (N_H/N_e) according to equation (1), equation (7) may be simplified to:

$$R = [p_{ind} - p_{prot}(D,t)p_{spo}](N_H/N_e). \quad (8)$$

From the above, the value of α does not appear constant at low doses in those situations in which the value of $p_{prot}(D,t)$ declines against p_{ind} with increasing D. Within certain ranges of higher doses of low-LET radiation and consequently with higher cell-doses, however, $p_{prot}(D,t)$ disappears and α was shown epidemiologically and experimentally to be compatible with a constant.

For the example of human leukemia, as discussed above, the life span probability of spontaneous oncogenic transformation, p_{spo}, in a human hemopoietic stem cell, leading to a lethal cancer, is estimated to be approximately 10^{-11}, and the corresponding p_{ind} to be about 10^{-14}. Taking these values and p_{enh} to be zero at low D of low-LET radiation and $p_{prot}(D,t)$ to be about 10^{-3}, the value of the positive term $p_{ind}(N_H/N_e)$ in equation (8) would be equal to the negative term $p_{prot}(D,t)p_{spo}(N_H/N_e)$ in this equation. If such were the case, a threshold for R in the exposed tissue would appear to exist, or with $p_{prot}(D,t)$ larger than 10^{-3}, R would even become negative. Also, the larger the value of p_{spo} and with p_{ind} remaining relatively small the greater would be the effect of a given $p_{prot}(D,t)$ on reducing R at low cell-doses. Also in case of increasing (N_H/N_e), the difference between, but not the ratio of, the positive term $p_{ind}(N_H/N_e)$ and the negative term $p_{prot}(D,t)p_{spo}(N_H/N_e)$ would increase over a certain range of (N_H/N_e) again potentially reducing R.

Without statistically significant changes in R after exposure of mammalian populations to low-LET radiation below 0.2 Gy, it is impossible to determine whether detrimental or beneficial effects predominate. However, several epidemiological and experimental data rather support the existence of a threshold or even beneficial (hormetic) effects at low-doses and low dose rates of low-LET radiation (Sugahara et al. 1992; UNSCEAR 1994; Academie des Sciences 1997).

Concerning the term α for high-LET radiation, the corresponding relatively high values of z_1 may be ineffective with regard to $p_{prot}(D,t)$ in the hit cells. However, p_{ind}, $p_{ind}p_{enh}$ and p_{spo} may be offset by $p_{prot}(D,t)$, if protective mechanisms are initiated in non-hit cells by intercellular signal substances and specific clastogenic factors stemming from irradiated cells. Such intercellular stimuli must be considered to affect non-hit cells in both ways, inducing damage and signaling for protection in terms of adaptive responses. It needs to be seen to what degree adaptive responses are initiated in multicellular systems exposed to very low D of high-LET radiation or to individually high cell-doses.

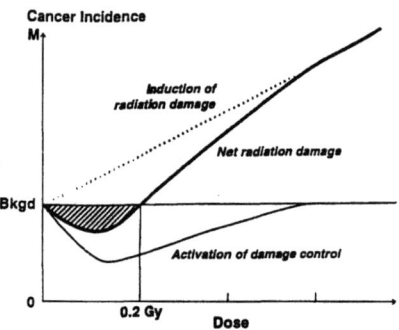

Figure 1: Schematic diagram showing the combined dual effects of low-dose irradiation in causing and protecting against cancer (see text for details)

Figure 1 summarizes the model based on equation (8). The dashed line shows the increase of cancer (M) above background due to radiation if there were no protective mechanisms. The background line (Bkgd) shows the spontaneous cancer incidence, most of which is due to endogenous DNA damage mainly from normal cellular metabolism. The light solid line indicates the radiation effect on the DNA damage-control system, which causes a reduction mainly of the background, or spontaneous, cancer incidence. The heavy solid line shows the combined effects of cancer induction and prevention, the net dose-risk function. The shaded region represents the possible reduction of a cancer incidence due to protective effects; this has been termed "radiation hormesis." The "threshold" shown for observable radiation-induced cancer, 0.2 Gy, complies with various epidemiological data.

Conclusion

The approach outlined in this presentation, although incomplete, suggests that the linear-no-threshold hypothesis needs to be reexamined. More generally, the presented model offers a conceptual framework for investigating the probability of late effects in terms of the different cellular responses occurring at low doses, where epidemiological analyses are severely limited by the need for large populations.

References

Academie des Sciences, Institut de France. Problems associated with the effects of low doses of ionizing radiations. Rapport de l'Academie des Sciences, No.38; Lavoisier, TecDoc, Paris, London, New York (1995)

Alberts B, Bray D, Lewis J., Raff M, Roberts K, Watson JD (Eds.). Molecular Biology of the Cell. Garland Pub., New York, New York (1994)

Ames BN, Gold LS., Willet WC. The causes and prevention of cancer. Proc. Natl. Acad. Sci. USA 92 (1995) 5258-5265

Anderson RE. Effects of low-dose radiation on the immune response. In: Biological effects of low level exposures to chemicals and radiation (Ed.: E.J. Calabrese). Lewis Pub. Inc., Chelsea, Michigan (1992) 95-112

Azzam EI, de Toledo SM, Raaphorst GP, Mitchel REJ. Low-dose ionizing radiation decreases the frequency of neoplastic transformation to a level below the spontaneous rate in C3H 10T1/2 cells. Radiat. Res. 146 (1996) 369-373

Beckman KD, Ames BN. Oxidative decay of DNA. J. Biol. Chem. 272 (1997) 19633-19636

Bond VP, Benary V, Sondhaus CA, Feinendegen LE. The meaning of linear dose-response relations, made evident by use of absorbed dose to the cell. Health Phys. 68 (1995) 786-792

Boothman DA, Meyers M, Odegaard E, Wang M. Altered G_1 checkpoint control determines adaptive survival responses to ionizing radiation. Mutation Res. 358 (1996) 143-153

Cleaver J. Defective repair replication of DNA in Xeroderma Pigmentosum. Nature (London) 218 (1968) 652-656

Emerit I, Oganesian N, Sarkisian T, Arutyunyan R, Pogosian A, Asrian K, Levy A, Cernjavski L. Clastogenic factors in the plasma of Chernobyl accident recovery workers: Anticlastogenic effect of Ginkgo biloba extract. Radiat. Res. 144 (1995) 198-205

Feinendegen LE, Muehlensiepen H, Porschen W, Booz J. Acute non-stochastic effect of very low-dose whole-body exposure, a thymidine equivalent serum factor. Intern. J. Radiat. Biol. 41 (1982) 139-150

Feinendegen LE, Muehlensiepen H, Lindberg C, Marx J, Porschen,W, Booz J. Acute effect of very low dose in mouse bone marrow cells: a physiological response to background radiation? In: Biological Effects of Low Level Radiation, IAEA Vienna (1983) 459-471

Feinendegen LE, Muehlensiepen H, Lindberg C, Marx J, Porschen W, Booz J. Acute and temporary inhibition of thymidine kinase in mouse bone marrow cells after low-dose exposure. Int. J. Radiat. Biol. 45 (1984) 205-215

Feinendegen LE, Muehlensiepen H, Bond VP, Sondhaus CA. Intracellular stimulation of biochemical control mechanisms by low-dose low-LET irradiation. Health Phys. 52 (1987) 663-669

Feinendegen LE, Bond VP, Booz J, Muehlensiepen H. Biochemical and cellular mechanisms of low-dose effects. Int. J. Radiat. Biol. 53 (1988) 23-37

Feinendegen LE. Radiation risk of tissue late effect, a net consequence of probabilities of various cellular responses. Eur. J. Nucl. Med. 18 (1991) 740-751

Feinendegen LE, Bond VP, Booz J. The quantification of physical events within tissue at low levels of exposure to ionizing radiation. ICRU-News 2 (1994) 9-13

Feinendegen LE, Loken M, Booz J, Muehlensiepen H, Sondhaus CA, Bond VP. Cellular mechanisms of protection and repair induced by radiation exposure and their consequences for cell system responses. Stem Cells 13 (1995) 7-20

Feinendegen LE, Bond VP, Sondhaus CA, Muehlensiepen H. Radiation effects induced by low doses in complex tissue and their relation to cellular adaptive responses. Mutation Res. 358 (1996) 199-205

Fujita K, Ohtomi M, Ohyama H, Yamada T. Biphasic induction of apoptosis in the spleen after fractionated exposure of mice to very low doses of ionizing radiation. In: Apoptosis, its Roles and Mechanisms (Eds.: Yamada T, Hashimoto Y) Business Center for Academic Societies Japan, Tokyo (1998) 201-218

Hall EJ, Hei TK. Oncogenic transformation *in vitro* by radiation of varying LET. Radiat. Protect. Dosimetry 13 (1985) 149-151

Helbock HJ, Beckman KB., Shigenaga MK, Walter PB, Woodall AA, Yeo HC, Ames BN. DNA oxidation matters: The HPLC-electrochemical detection assay of 8-oxodeoxyguanosine and 8-oxo-guanine. Proc. Natl. Acad. Sci. USA 96 (1998) 288-293

Hohn-El-Karim K, Muehlensiepen H, Altman KI, Feinendegen LE. Modification of effects of radiation on thymidine kinase. Intern. J. Radiat. Biol. 58 (1990) 97-110

ICRU (International Commission on Radiation Units and Measurements). Microdosimetry. ICRU, Bethesda, MD, USA, Report 36 (1983)

Ikushima T, Aritomi H, Morisita J. Radioadaptive response: Efficient repair of radiation-induced DNA damage in adapted cells. Mutation Res. 358 (1996) 193-198

James SJ, Makinodan T. T-cell potentiation by low dose ionizing radiation: possible mechanisms. Health Phys. 59 (1990) 29-34

Jaruga P, Dizdaroglu M. Repair of products of oxidative DNA base damage in human cells. Nucleic Acid Res. 24 (1996) 1389-1394

Joiner MC, Lambin P, Malaise EP, Robson T, Arrand JE, Skov KA, Marples B. Hypersensitivity to very low single radiation doses: Its relationship to the adaptive response and induced radioresistance. Mutation Res. 358 (1996) 171-183

Kleczkowska H, Althaus FR. The role of poly(ADP-ribosyl)ation in the adaptive response. Mutation Res. 358 (1996) 215-221

Kondo S. Health Effects of Low Level Radiation. Kinki University Press, Osaka, Japan; Medical Physics Publishing, Madison, WI (1993)

Laval F. Pretreatment with oxygen species increases the resistance of mammalian cells to hydrogen peroxide and γ-rays. Mutation Res. 201 (1988) 73-79

Le XC, Xing JZ, Lee J, Leadon SA, Weinfeld M. Inducible repair of thymine glycol detected by an ultrasensitive assay for DNA damage. Science 280 (1998) 1066-1069

Lohman PHM, Cox R, Chadwick KH. Role of molecular biology in radiation biology. Int. J. Radiat. Biol. 68 (1995) 331-340

Makinodan T. Cellular and subcellular alteration in immune cells induced by chronic, intermittent exposure *in vivo* to very low dose of ionizing radiation (ldr) and its ammeliorating effects on progression of autoimmune disease and mammary tumor growth. In: Low-Dose Irradiation and Biological Defense Mechanisms (Eds.: Sugahara T, Sagan LA, Aoyama T). Excerpta Medica, Amsterdam, London, New York, Tokyo (1992) 233-237

Misonoh J, Yoshida M, Okumura Y, Kodama S, Ishii K. Effects of low-dose irradiation of x-rays on IUDR incorporation into mouse tissues. In: Low-Dose Irradiation and Biological Defense Mechanisms (Eds.: Sugahara T, Sagan LA, Aoyama T). Excerpta Medica, Amsterdam, London, New York, Tokyo (1992) 323-326

Nagasawa H, Little JB. Induction of sister chromatid exchanges by extremely low doses of alpha-particles. Cancer Res. 52 (1992) 6394-6396

Ohyama H, Yamada T. Radiation-induced apoptosis: a review. In: Apoptosis, its Roles and Mechanisms (Eds.: Yamada T, Hashimoto Y). Business Center for Academic Societies Japan, Tokyo (1998) 141-186

Olivieri G, Bodycote J, Wolff S. Adaptive response of human lymphocytes to low concentrations of radioactive thymidine. Science 223 (1984) 594-597

Planel H, Soleilhavoup JP, Tixador R. Recherches sur l'action des radiations ionisantes naturelles sur la croissance d'etres unicellulaires. C. R. Acad. Sciences 260 (1965) 3770-3773

Planel H, Caratero C, Croute F, Conter A. Investigations on the biological effects of very low doses of ionizing radiations. In: Low-Dose Irradiation and Biological Defense Mechanisms (Eds.: Sugahara T, Sagan LA, Aoyama T). Excerpta Medica, Amsterdam, London, New York, Tokyo (1992) 13-20

Pohl-Rueling J, Fischer P, Haas O. Effect of low-dose acute x-irradiation on the frequencies of chromosomal aberrations in human peripheral lymphocytes *in vitro*. Mutation Res. 110 (1983) 71-82

Pollycove M, Feinendegen LE. The relationship between spontaneous and background radiation induced DNA damage. In preparation (1998)

Radiation Research Society (USA). Program abstracts, forty-sixth annual meeting in Louisville, Kentucky. Radiat. Res. Soc., Oak Brook, IL 60523, USA (1998)

Rigaud O, Papadopoulo D, Moustacchi E. Decreased deletion mutation in radioadapted human lymphoblasts. Radiat. Res. 133 (1993) 94-101

Shadley JD, Wolff S. Very low doses of X-rays can induce human lymphocytes to become less susceptible to ionizing radiation. Mutagenesis 2 (1987) 95-96

Shadley JD, Afzal V, Wolff S. Characterization of the adaptive response to ionizing radiation induced by low doses of X-rays to human lymphocytes. Radiat. Res. 111 (1987) 511-517

Shadley JD, Wienke JK. Induction of the adaptive response by X-rays is dependent on radiation intensity. Int. J. Radiat. Biol. 56 (1989) 107-118

Shadley JD, Dai G. Cytogenetic and survival adaptive responses in G_1 phase human lymphocytes. Mutation Res. 265 (1992) 273-281

Shu-Zheng L, Yin-Chun Z, Ying M, Xu S, Jian-Xiang L. Thymocyte apoptosis in response to low-dose radiation. Mutation Res. 358 (1996) 185-191

Sugahara T, Sagan LA, Aoyama T (Eds.). Low-Dose Irradiation and Biological Defense Mechanisms. Excerpta Medica, Amsterdam, London, New York, Tokyo (1992)

Tubiana M. Effets cancerogenes des faibles doses du rayonnement ionisant. Radioprotection 31 (1996) 155-191

UNSCEAR. Sources and Effects of Ionizing Radiation. United Nations, New York, N.Y. (1994)

Wallace SS. AP-endonucleases and DNA-glycosylases that recognize oxidative DNA damage. Environ. Mol. Mutagen. 12 (1988) 431-477

Ward JF. DNA damage produced by ionizing radiation in mammalian cells: Identities, mechanisms of formation, and repairability. Prog. Nucleic Acid Res. Mol. Biol. 35 (1988) 95-125

Wei Q, Matanoski GM, Farmer ER, Hedayati MA, Grossman L. DNA repair and aging in basal cell carcinoma: A molecular epidemiologic study. Proc. Natl. Acad. Sci. USA 90 (1993) 1614-1618

Wolff S, Afzal V, Wienke JK, Olivieri G, Michaeli A. Human lymphocytes exposed to low doses of ionizing radiations become refractory to high doses of radiation as well as to chemical mutagens that induce double-strand breaks in DNA. Int. J. Radiat. Biol. 53(1) (1988) 39-49

Wolff S. Aspects of the adaptive response to very low doses of radiation and other agents. Mutation Res. 358 (1996) 135-142

Woloschak GE, Chang-Liu CM. Effects of low-dose radiation on gene expression in Syrian hamster embryo cells: comparisons of Janus neutrons and gamma rays. In: Low-Dose Irradiation and Biological Defense Mechanisms (Eds.: Sugahara T, Sagan LA, Aoyama T). Excerpta Medica, Amsterdam, London, New York, Tokyo (1992) 239-242

Yamaoka K, Edamatsu R, Mori A. Effects of low dose x-ray irradiation on old rats - SOD activity, lipid peroxide level, and membrane fluidity. In: Low-Dose Irradiation and Biological Defense Mechanisms (Eds.: Sugahara T, Sagan LA, Aoyama T). Excerpta Medica, Amsterdam, London, New York, Tokyo (1992) 419-422

Zamboglou N, Porschen W, Muehlensiepen H, Booz J, Feinendegen LE. Low dose effect of ionizing radiation on incorporation of iodo-deoxyuridine into bone marrow cells. Int. J. Radiat. Biol. 39 (1981) 83-93

Acknowledgements

The authors express their deep appreciation to the late Dr. K. I. Altman, Department of Biochemistry and Biophysics, University of Rochester Medical Center, Rochester, NY, for a long and fruitful collaboration; Dr. Marvin Frazier from the Office of Health and Environmental Research of the U.S. Department of Energy, Washington, DC, and Dr. John R. Cameron, University of Wisconsin, Madison, WI, for their valuable discussions and editorial help.

This research was supported in part by the United States Department of Energy under contract No. DE-AC02-76H00016.

Address: Prof. Dr. L. E. Feinendegen
          Dept. of Nuclear Medicine
          Clinical Center
          NIH
          Bethesda, MD 20892
          USA

Health Effects of Low-Level Radiation
- Scientific Research on Radiation Hormesis in Japan -

S. Hattori

Central Research Institute of the Electric Power Industry (CRIEPI) Tokyo, Japan

Summary

Following Luckey's reports on the beneficial effects of low-dose radiation, the Central Research Institute of the Electric Power Industry (CRIEPI) of Japan launched a research program to scrutinize the concept of radiation hormesis. The results of this ten-year research program involving specialists from 14 Japanese universities confirm the predominating biopositive effects of low-dose ionizing radiation. These experimental and clinical investigations revealed (1) a stimulation of DNA repair mechanisms, (2) an increased concentration of SOD, (3) an enhanced cell membrane permeability, (4) suppression of cancer growth in animals and humans, (5) positive effects on diabetes and arterial hypertension, and (6) moderation of psychological stress in animal models.

Introduction

In 1982 T.D. Luckey published a paper entitled the „Physiological Benefits from Low Levels of Ionizing Radiation" (Luckey 1982), in which he introduced the concept of „Radiation Hormesis", namely the biopositive effects of low-dose radiation. This concept was discussed at the First International Symposium on Radiation Hormesis in Oakland, California, in August 1985. The findings on radiation hormesis presented at this conference, Luckey's papers and several other publications (e.g. Lorenz 1954, Liu et al. 1985) suggested that Japan's policy on radiation protection may erroneously overrate the risks from ionizing radiation at low levels.

The ensuing uncertainty in Japanese radiation policy induced CRIEPI to found the Hormesis Research Steering Committee involving prominent scientists in the field and to launch a scientific research program in cooperation with 14 Japanese universities, the National Cancer Research Institute and the National Institute of Radiological Sciences. After the first findings demonstrated the biopositive effects of low-dose radiation, the program was expanded significantly.

Many results of these studies confirmed Luckey's concept of „Radiation Hormesis". The positive health effects of low-level ionizing radiation clearly outweigh negative effects. Some epidemiological studies including the follow-up of the A-bomb survivors of Hiroshima and Nagasaki brought new insights into the effects of radiation on humans.

This paper illustrates the findings of several studies performed within the CRIEPI program. For a more detailed treatment of the data, please refer to the original papers listed in the References.

Studies on Radiation Hormesis

(1) Follow-up of A-bomb survivors

A follow-up of people living at various distances from the centre of the A-bomb blasts and who were exposed to various doses of radiation, revealed new insights into the risks and benefits of ionizing radiation. At low levels even positive effects were observed, such as a reduced incidence of leukemia.

(2) Cancer rate in Misasa villages

Drinking water at Misasa villages contains a high concentration of radon. The incidence of cancer in the Misasa region is lower than in the rest of Japan.

(3) Survival rate after tumor treatment

Clinical studies at Tohoku University Hospital suggested that low doses of ionizing radiation may reduce the risk of relapse after cancer treatment. The five-year survival rate of patients with non-Hodgkin's lymphoma increased from 60% to 84%, following whole- or half-body radiation. This additional treatment was associated with an increased ratio of helper T cells to suppressor T cells. Positive results were also obtained in other lymphatic tumors and in hepatic cancer.

(4) Cell membrane permeability and superoxide dismutase (SOD)

In cell culture and in animal models alterations in cell membrane permeability and in SOD concentrations were found after irradiation with doses ranging from

Health Effects of Low-Level Radiation

25 cGy to 50 cGy. An increased concentration of SOD and a decrease in lipid peroxide concentration were found after whole-body X-ray exposure.

(5) Adaptive response

Priming doses of low-level radiation (5 to 10 cGy) were found to enhance resistance to sublethal doses of X-radiation given two months after initial exposure. Following administration of priming doses of 30 to 50 cGy the highest resistance was observed after a period of two weeks.

(6) Influence on p53

In mice p53 gene expression was enhanced by low doses of X-rays (10 - 25 cGy). p53 protein is an important factor in tumor suppresion, DNA repair and apoptosis.

(7) Diabetes, arterial hypertension, liver disorders

In animal models low-dose radiation induced certain positive effects in diabetes, arterial hypertension, liver disorders and other diseases. The results suggest a positive clinical impact of low-level radiation.

(8) Protracted doses of ionizing radiation

Prolonged exposure to ionizing radiation was associated with an increased concentration of cellular enzymes relevant for DNA repair.

Ongoing CRIEPI Research Program

In cooperation with Japanese universities CRIEPI is promoting research into the health effects of low-level ionizing radiation. Currently, the following ten scientific investigations of radiation effects are being performed:
(1) Influence of ionizing radiation on SOD concentration, lipid peroxide reduction and membrane permeability
(2) Changes in p53 gene expression and its impact on DNA repair and cell apoptosis
(3) Effects on CNS function, cerebral enzymes and psychological reaction (e.g. stress coping)
(4) Changes in intercellular signal transduction

(5) Protection from cancer through activation of various immune functions
(6) Effects on diabetes and arterial hypertension
(7) Influence on cellular metabolism
(8) Impact on DNA repair mechanisms and apoptosis
(9) Physiological adaptive responses to protracted doses of ionizing radiation
(10) Epidemiological surveys and long-term follow-up of A-bomb survivors

Conclusion

Exposure to low-level ionizing radiation causes the formation of free radicals, which are potentially detrimental for cells and tissue. However, simultaneously stimulated biological responses protect cellular integrity by scavanging free radicals and repair early lesions before they become clinically relevant. Also, the stimulated adaptive responses are able to repair cellular lesions caused by other internal (metabolical) and external factors. Evidently, the stimulation of adaptive responses by ionizing radiation is associated with an overall enhancement of factors preserving cellular integrity.

Animal models provide firm evidence of the biopositive effects of low-level ionizing radiation. Activation of biological defense mechanisms seems to protect the organs from developing malignant tumors. Organ function also seems to be improved after exposure to low-level ionizing radiation.

Life is the result of evolution. During evolution human physiology evolved under certain environmental conditions. Exposure to ionizing radiation has always been a relevant factor influencing further development. For millions of years background radiation was much higher than it is now. Evidently, man has had enough time to develop the biological mechanisms needed to cope with ionizing radiation, which seems to be an essential factor of life.

The results of the CRIEPI studies confirm the assumption that the adaptive response to ionizing radiation is a fundamental characteristic of life. The benefit for humans derives from the stimulation of DNA repair mechanisms and other induced physiological responses which contribute to maintaining an individual's integrity. In humans the health-stimulating effects of low-level ionizing radiation outweigh the more theoretical risks by far.

References

Billen D. Spontaneous DNA damage and its significance for the „negligible dose" controversy in radiation protection. Radiat. Res. 124 (1990) 242-245
Calabrese EJ, McCarthy ME, Kenyon E. The occurrence of chemically induced hormesis. Health Phys. 52 (1987) 531-542
CLB 1992. Low-Dose Irradiation and Biological Defense Mechanisms (Eds.: Sugahara T, Sagan LA, Aoyama T) Excerpta Medica, Amsterdam, London, New York, Tokyo (1992)
Cohen AF, Cohen BL. Tests of the linearity assumption in dose-effect relationship for radiation-induced cancer. Health Phys. 38 (1980) 53-69
Feinendegen LE. Radiation effects induced by low doses in complex tissue and their relation to cellular responses. Personal communication (1996)
Hattori S. Current status and perspectives of research on radiation hormesis in Japan. Chin. Med. J. (Engl.) 107 (1994) 420-424
Ikushima T. Radio-adaptive response: characterization of a cytogenetic repair induced by low-level ionizing radiation in cultured Chinese hamster cells. Mutat. Res. 227 (1989) 241-246
Ishii K, Muto N, Yamamoto I. Augmentation in mitogen-induced proliferation of rat splenocytes by low-dose whole-body x-irradiation (Jap.). Nippon Acta Radiologica 50 (1990) 1262-1267
Ishii K, Hosoi Y, Sakamoto K. Stimulation of anti-tumor effect by low-dose irradiation. Inhibition of spontaneous metastasis (Jap.). Central Research Institute of Electric Power Industry, Report (1993) T92030
Ishi K, Watanabe M. Participation of gap junctional cell communication on the adaptive response in human cells induced by low dose of X-rays. Int. J. Radiat. Biol. 69 (1996) 291-299
Kondo S. Radiation hormesis (Jap.). Radiat. Biol. Res. Comm. 23 (1988) 197-198
Kondo S. Health Effects of Low-Level Radiation. Medical Physics Publishing, Madison, Wisconsin (1993)
Liu SZ, Li XY, Xia FQ, Yu HY, Qi J, Wang FL, Wang SK. A restudy of immune functions of the inhabitants in a high-background area in Guangdong. Chin. J. Radiol. Med. Prot. 5 (1985) 124-127
Lorenz E. Biological effects of external gamma radiation, Part I (Ed.: Zirkle RE). McGraw Hill, New York (1954) 24
Luckey TD. Hormesis with Ionizing Radiation, CRC Press, Boca Raton (1980)
Luckey TD. Physiological benefits from low levels of ionizing radiation. Health Phys. 43 (1982) 771-789
Luckey TD. Radiation Hormesis. CRC Press, Boca Raton (1991) 239
Mifune M, Sobue T, Arimoto H, Komoto Y, Kondo S, Tanooka H. Cancer mortality survey in a spa area (Misasa, Japan) with a high radon background. Jpn. J. Cancer Res. 83 (1992) 1-5
Mine M, Nakamura T, Mori H, Kondo H, Okajima S. The current mortality rates of A-bomb survivors in Nagasaki City. Jpn. J. Publ. Health 28 (1981) 337-342
Miyachi Y, Kasai H, Ohyama H, Yamada T. Depression of mouse aggressive behavior by very low-dose x-irradiation and its unusual dose-effect relationship. In: Low-Dose Irradiation and Biological Defense Mechanisms (Eds.: Sugahara T, Sagan LA, Aoyama T) Excerpta Medica, Amsterdam, London, New York, Tokyo (1992)171-174
Mori T, Kumatori T, Hatakeeyama S, Irie H, Mori W, Fukutomi K, Baba K, Maruyama T, Ueda A, Akita Y. Current status of the Japanese follow-up study of the Thorotrast patients and its relationships to the statistical analysis of the autopsy series. In: BIR Report

21: Risks from Radium and Thorotrast. British Institute of Radiology, London (1989) 119-124

Mori T. Japanese Thorotrast study (Jap.). In: Current Encyclopedia of Pathology, Vol.10. Nakayama-shoten, Tokyo (1990) 135-184

Ohnishi T, Matsumoto H, Omatsu T, Nogami M. Increase of wpt53 pool size in specific organs of mice by low doses of X rays. J. Radiat. Res. 34 (1993) 364.

Stewart AM. Delayed effects of A-bomb radiation: A review of recent mortality rates and risk estimates for 5-year survivors. J. Epidem. Commun. Health 36 (1982) 80-86

Watanabe M, Suzuki M, Suzuki K, Nakano K, Watanabe K. Effect of multiple irradiation with low dose of rays on morphological transformation and growth ability of human embryo cells in vitro. Int. J. Radiat. Biol. 62 (1992) 711-718.

Yamaoka K, Edamatsu R, Mori A. Increased SOD activities and decreased lipid peroxide level in rat organs induced by low-dose x-irradiation. Free Radic. Biol. Med. 11 (1991) 299-306

Yonezawa M, Takeda A, Misonoh J. Acquired radioresistance after low-dose x-irradiation in mice. J. Radiat. Res. 31 (1990) 256-262

Yonezawa M, Misonoh J, Hosokawa Y. Radioresistance acquired after low doses of X rays in mice. In: Proceedings of the International Symposium on the Biological Effects of Low-Level Exposures of Radiation and Related Agents (ISBELLES '93). Changchun, China (1993) 48

Acknowledgement

We appreciate the sincere advice and direction for research activities given by Dr. T. D. Luckey, Dr. S. Kondo, Dr. T. Sugawara, Dr. K. Sakamoto, Dr. T. Yamada, and Dr. H. Tanooka.

Address: Sadao Hattori
          Central Research Institute of Electric Power Industry
          Ohtemachi 1-6-1
          Chiyodaku, Tokyo

Radon Effects at Cellular and Molecular Levels

J. Soto

Medical Physics Department, University of Cantabria, Spain

Summary

Radon was used to provide a standardized irradiation of breast cancer cells in culture media. Exposure to various doses of ionizing radiation was associated (1) with an antiproliferative effect on cancer cells, (2) with changes in the expression of genes regulating apoptosis, and (3) with an improved effectiveness of chemotherapy-induced apoptosis.

Introduction

Experimental studies with cell cultures can contribute to our knowledge of the effects of ionizing radiation. In the present evaluation tumor cells were exposed to radon and its decay products. The investigation focused on the effects of ionizing radiation on the growth rate of breast cancer cells, on the expression of genes involved in apoptosis and on interactions with chemotherapeutic agents.

Methods

In all experiments described in this paper radon was used as the source of ionizing radiation. Radium emanation was collected in a specially designed device and diffused through a tube to a plastic vial. The concentration of radon was measured with a gamma spectrometry chain (semiconductor or scintillation detector coupled with a multichannel analyzer).

After various periods of exposure the vial containing the culture medium was sealed tightly. The short-lived radon daughters Pb-214 and Bi-214 were determined after three hours (counts at photopeak), and the concentration of radon was calculated (using the equilibrium factor). Radon concentration ranged between 10^4 and 10^6 Bq/L.

MCF-7 breast cancer cells were used for most of the experimental studies. After determination of cell counts and viability, cell density was adjusted to about 3 × 10^5 cells/dish and the material was placed in Petri dishes. When cells were firmly attached to the dishes, fresh culture media were added (containing various concentrations of radon in equilibrium with its daughters). The doses to cells, calculated from α-energy deposit by radon decay products (Po-218, Po-214), ranged between 0.1 mGy and 10 mGy.

Results

Growth of cancer cells

With the method described above MCF-7 breast cancer cells were exposed to different doses of ionizing radiation. Cell proliferation was determined and results were compared to controls (not irradiated). Cells were incubated at 37°C in a humid environment containing 5% CO_2. After three days of incubation the number of cells was counted using a hemocytometer.

The number of breast cancer cells present after three days of incubation depended on the dose of irradiation administered. Proliferation was lowest at an irradiation dose of 1 mGy. However, there was no linearity in the antiproliferative effect of radiation.

This antiproliferative effect of ionizing radiation observed in breast cancer cells was not found in fibroblasts incubated under the same conditions described above. Also, in fibroblasts there was no difference between irradiated and non-irradiated cells.

The reason for the antiproliferative effects of low-dose ionizing radiation remains speculative. The formation of peroxides and reactions between free radicals and DNA or mRNA may play a role. Mitosis may have been delayed, and the production of antioxidants, formation of DNA and the expression of genes regulating apoptosis may have been altered by radiation.

Expression of genes related to apoptosis

A series of experimental studies was performed to evaluate the influence of ionizing radiation on the expression of genes regulating cell apoptosis. The following genes were investigated:
bax
inducing cell apoptosis
bcl-2
inhibiting apoptosis

bcl-x

there are two different bcl-x transcripts showing antagonistic effects on cell apoptosis
- a long transcript inhibiting apoptosis
- a short transcript inducing apoptosis

The investigations were performed as described above by exposing cells to between 1 mGy and 8 mGy and incubating them for three days. After the number of cells was determined, total cellular RNA was extracted and its quality characterized by agarose gel electrophoresis. From RNA, a cDNA strand was synthesized (with a mixture of random hexamers). Subsequently, the bax, bcl-2 and bcl-x regions of cDNA were amplified by polymerase chain reaction (PCR).

Electrophoresis of PCR products was performed in agarose or polyacrylamide gel to semiquantitatively determine the expression of the respective genes. Specificity of PCR products was confirmed by direct sequencing. Reiterated PCR confirmed that bax, bcl-2 and bcl-x were expressed in both irradiated and non-irradiated cell lines. Although quantitative conclusions drawn from PCR (performed to saturation) are rather uncertain, the results of the studies suggest that bax and bcl-x were expressed at higher levels in non-irradiated than in irradiated cells.

A limited number of cycles of PCR and subsequent polyacrylamide gel electrophoresis were performed to semiquantitatively evaluate the amount of bcl-x gene expression. The long transcript inhibiting apoptosis was significantly overexpressed in cells having received radiation doses exeeding 1 mGy.

The results suggest that exposure to low doses of ionizing radiation may change the expression of genes regulating cell apoptosis. The balance of genes inhibiting and promoting apoptosis, e.g. the long and short tanscripts of bcl-x, may be altered by radiation. Consequently, the effectiveness of chemotherapeutic agents working through the induction of apoptosis may also be enhanced by the stimulating effects of ionizing radiation.

Enhancement of the effectiveness of chemotherapeutic agents

Since previous experimental studies indicated the possibility of interactions between the effects of ionizing radiation and chemotherapeutic agents promoting cell apoptosis, subsequent investigations evaluated the influence of both factors applied simultaneously to cells handled in the same way as described above. In this study, cells were exposed to ionizing radiation at a dose of 3 mGy, which is a dose commonly used for treatment at radon spas.

Cells were incubated for three days in a culture medium with or without radiation. Then the first culture medium was replaced with a culture medium containing taxol, a chemotherapeutic agent. After three more days of incubation the number of cells was determined by cell count. Viability and capability of further growing were assessed with the trypan blue exclusion test.

Results suggest that additional irradiation of cells may enhance the effectiveness of taxol as shown by the determination of cell survival and viability. Radon effects, however, depended on the respective concentration of taxol. At low concentrations taxol alone as well as taxol combined with cell radiation failed to show effects on cell count and viability. At very high concentrations of taxol no cells survived, whether irradiated or not. Only in therapeutic concentrations of taxol could additive effects of radiation be shown. At 50 nmol taxol, additional radiation increased the effectiveness of taxol by 180%.

Evidently, during incubation of MCF-7 breast cancer cells in culture media the application of taxol and radiation proved to be more effective in inhibiting cell growth and viability than was taxol alone.

References

Soto J, Quindos LS, Cos S, Sanchez E. An *in vitro* study into the effect of ^{222}Rn in balneotherapeutic doses on the growth of human cancerous cells. In: Radon in der Kurortmedizin (Hrsg.: Pratzel HG, Deetjen P). ISMH Verlag, Geretsried (1997) 68-75

Boise LH, Gonzales-García M, Postema CE, Ding L, Lindsten T, Turka LA, Mao X, Nunez G, Thompson CB. bcl-x, a bcl-2-related gene that functions as a dominant regulator of apoptotic cell death. Cell 74 (1993) 597-608

Sumantran VN, Ealovega MW, Nunez G, Clarke MF, Wicha MS. Overexpression of Bcl-XS sensitizes MCF-7 cells to chemotherapy-induced apoptosis. Cancer Res. 55 (1995) 2507-2510

Address: Prof. Dr. J. Soto
           Medical Physics Department
           University of Cantabria
           Avda. Cardenal Herrera Oria s/n
           39011 Santander, Spain

Effects of Radon Inhalation on Physiology and Disorders

K. Yamaoka[1], S. Hattori[2]

[1]Okayama University Medical School, Okayama, Japan
[2]Central Research Institute of Electric Power Industry (CRIEPI), Tokyo, Japan

Summary

Rabbits were exposed to radon in order to study the effects of radon inhalation on lipid peroxide levels (thiobarbituric acid-reacting substances, TBARS), superoxide dismutase (SOD) activity and membrane fluidity in brain and lungs. After 90 minutes of radon inhalation at a concentration of 7 -10 kBq/L (group A) or 14 - 18 kBq/L (group B) TBARS levels in the brain were significantly decreased as compared to the control group (no radon, group 0) and were still low after two more hours in group A only. In the lungs TBARS levels were unchanged after inhalation, but were significantly decreased in both radon groups after two more hours. In brain SOD activity was significantly increased after inhalation in group B only. Brain membrane fluidity was enhanced after inhalation in both radon groups. The results suggest that brain disorders related to peroxidation processes may be influenced by radon inhalation. Further studies evaluating the effects of radon inhalation on neurotransmitters showed that noradrenalin, serotonin and 5-hydroxyindoleacetic acid in the brain were decreased after inhalation. Moreover, morphine-like effects were found to contribute to the explanation for the good clinical effects of radon treatment reported by patients with painful disorders.

Introduction

Senile brain disorders, diabetes mellitus, arterial hypertension and pain are the most important indications for radon treatment in Misasa. The mechanisms of radon's action, however, are far from clear. There are only few reports on this issue, such as increased levels of plasma adrenaline after radon inhalation (Komoto et al. 1988). In the present study rabbits were exposed to sprayed radon spring water, and subsequent changes in TBARS levels, SOD activity, membrane fluidity, concentration of biogene amine neurotransmitters, adrenal secretion of catecholamines and vasoactive substances were evaluated.

Materials and Methods

Animal model

Rabbits weighing 2 kg were intubated via tracheotomy under intravenous anesthesia with 25 mg/kg sodium pentobarbital. Arterial pressure was monitored with a catheter introduced into the thoracic aorta through the carotid artery under 1 mg/kg general heparinization. Venous catheterization was performed into the right atrium via the external jugular vein. The chest of the rabbit was then shaved, and the rabbit was placed in a constant temperature-regulated 20-litre tub from which its neck and head protruded. Electrocardiogram (ECG) and arterial pressure were monitored using a polygraph. Anesthesia was maintained with a constant micro-drip infusion system (15-20 drops per minute) using 0.3% - 0.4 % sodium pentobarbital. Respiration was maintained at a frequency of 30 per minute (each 20 mL - 30 mL), assisted with 10 mmH$_2$O pressure, so that a ventilation of 250 mL/min/kg was achieved. Room temperature was maintained at 25° ±1°C throughout the experiment.

While the rabbits were immersed in 36° - 37°C tap water they inhaled radon water sprayed by an ultrasonic nebuliser. The sprayed water (from the Ikeda Mineral Springs) had a radon concentration of 7 - 10 kBq/L in group A and 14 - 18 kBq/L in group B. The controls inhaled the same spring water, which had been stored for 40 days at 4°C, so that the radon concentration was less than 10^{-3} compared to the water used in the radon group. Radon concentration was measured with a liquid scintillation counter.

The rabbits inhaled sprayed radon water for 90 minutes. Then they were sacrificed by exsanguination either immediately after inhalation or after two more hours. The organs of interest were excised and rinsed with saline solution until free of blood.

Assay

TBARS were determined by the TBA method of Ohkawa et al. (Anal. Biochem. 1979). SOD activity was measured by the spin-trapping method using an electron spin resonance (ESR) spectrometer. Membrane fluidity was determined by the spin-label method using an ESR spectrometer. Catecholamines and indoleamines were analyzed by high-performance liquid chromatography (HPLC). Tissue perfusion rate (TPR) was evaluated 15 minutes after the beginning of inhalation by mass spectrometry. Levels of adrenaline and noradrenaline (NA) were analyzed by HPLC. Vasoactive substances such as histamine, α-atrial natriuretic polypeptide (α-ANP), vasopressin, angiotensin II and prostaglandin E$_2$

(PGE$_2$) were analyzed by radioimmunoassay (RIA). As diabetes-associated substances, serum insulin (RIA), glucose 6-phosphate dehydrogenase (G6PDH, UV method), pancreatic glucagon (RIA) and blood glucose (glucose enzyme method) were analyzed by various methods indicated in parenthesis. As pain-associated substances, plasma ß-endorphin and M-enkephalin were analyzed by RIA.

Results

TBARS, SOD and membrane fluidity

Results of TBARS levels, SOD activity and membrane fluidity are shown in Figure 1. TBARS levels in brain were significantly lower after radon inhalation in group A and group B as compared to group 0. After two hours they were further decreased in group A, whereas they tended to return to previous levels in group B. TBARS levels in lung were unchanged immediately after inhalation, but were significantly decreased in both radon groups after two more hours. In group B brain SOD activity was significantly increased after inhalation; no other differences were found in brain or lung. In brain, membrane fluidity was significantly increased in both radon groups immediately after inhalation, in lungs only two hours after inhalation.

Biogenic amine neurotransmitters in brain

Inhalation of sprayed radon water of ≥13 kBq/L was associated with decreased levels of noradrenaline (NA), serotonin (5HT) and 5-hydroxyindoleacetic acid (5HIAA). Changes in tyrosine, dopamine (DA) and homovanillic acid (HVA) were not influenced by the concentration of radon inhaled (Figure 2). The turn-over ratios were calculated and are listed in Table 1.

Rn [kBq/L]	control	7	13	18
[DOPAC + 3-MT+HVA]/[DA]	1.42±0.11	1.10±0.03*	1.36±0.06	1.54±0.13
[HVA]/[DOPAC]	21.5±3.08	13.3±2.2	40.7±19.8	16.0±2.5
[HVA]/[3-MT]	4.14±1.22	8.84±2.51*	6.73±1.20	6.72±2.11
[NA]/[DA]	0.297±0.047	0.183±0.141	0.126±0.026**	0.128±0.020**
[5-HIAA]/[5-HT]	0.443±0.085	0.857±0.284	0.429±0.088	0.499±0.036

Each value represents mean ±SD. The number of rabbits per experiment was 5 at control, 2 at 7 kBq/L, 6 at 13 kBq/L and 3 at 18 kBq/L. *P<0.05, **P<0.01 vs control

Table 1: Effect of radon inhalation on turn-over ratios of biogenic amines in rabbit brain

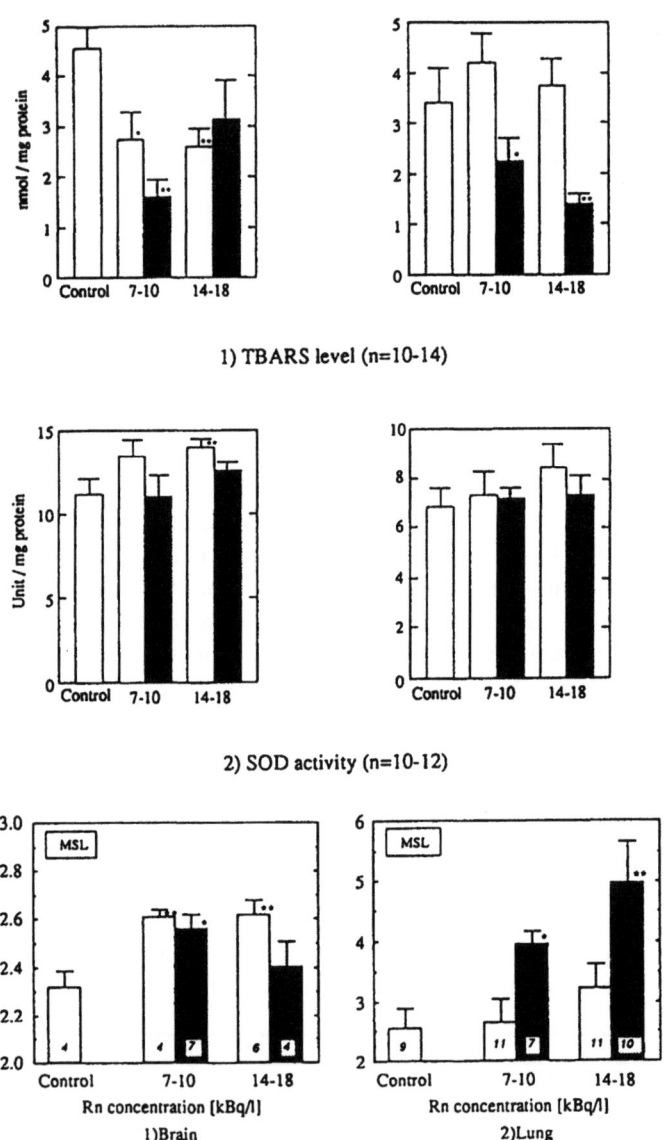

*Figure 1: Time-dependent change in TBARS level, SOD activity and membrane fluidity in the brain and lungs of rabbits after radon inhalation. Each value represents mean ±SEM, „□" immediately after inhalation; „■" 2 hours after inhalation * $P < 0.05$; ** $P < 0.01$ vs control*

Effects of Radon Inhalation on Physiology and Disorders

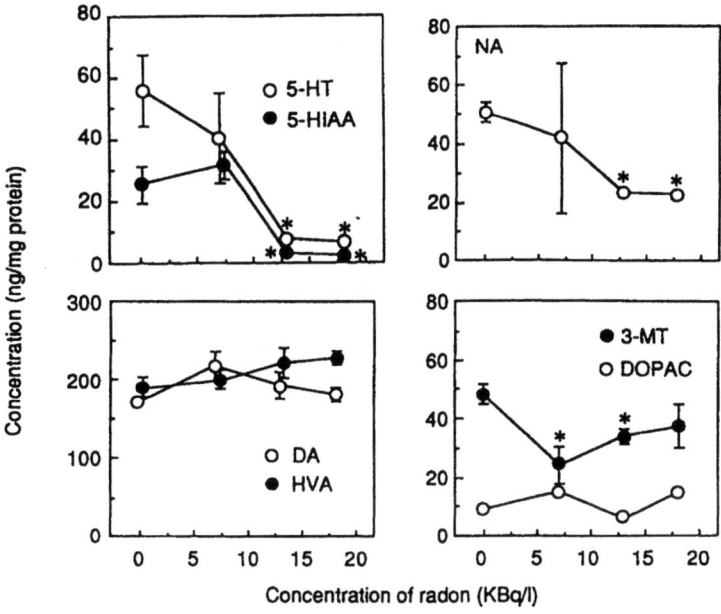

*Figure 2: Change in the levels of 5-TH, 5-HIAA, tyrosine, NA, DA, HVA, 3-MT and DOPAC in rabbit brain. Each value represents mean ±SEM. The number of rabbits per experimental point is 5 at 0 kBq/L, 4 at 7 kBq/L, 6 at 13 kBq/L and 5 at 18 kBq/L. *P<0.05 vs control*

Rn [kBq/L]	control	14-18
plasma catecholamines [pg/mg protein]		
adrenaline	4.2±1.7	22.9±12.1**
noradrenaline	10.9±5.6	18.8±8.2*
adrenal catecholamines [pg/mg protein]	825±544	249±129**
adrenaline	134±67	23.6±14.9**
noradrenaline		
tissue perfusion rate [mL/100g/min]		
no medication	15.8±1.8	21.4±2.4**
phentolamine	18.4±1.7	22.6±2.2**
propranolol	17.4±2.7	19.3±2.9
atenolol	16.6±2.6	18.4±3.0

*Each value represents mean ± SEM. The number of rabbits per experiment was 8 - 14 at control and 8 - 15 at 14 - 18 kBq/L. *P<0.05, **P<0.01 vs control*

Table 2: Changes in catecholamines and tissue perfusion rate from radon inhalation

Rn [kBq/L]	control	7-10	14-18
histamine [µg/dL]	67±12	146±31**	52±62**
α atrial natriuretic polypeptide [pg/ml]	1660±240	2170±170*	3330±520**
vasopression [pg/mL]	13.2±3.6	3.2±0.6**	5.4±0.8**
angiotensin II [pg/mL]	34±1	33±1	32±1
prostaglandin E_2 [pg/mL]	26±4	33±10	18±5
insulin [U/mL]	4.3±0.4	4.3±0.6	8.5±1.8**
glucose-6-phosphate dehydrogenase [IU/37°C]	1.9±0.2	2.8±0.2**	2.6±0.3**
pancreatic glucagon [10^4 x pg/mL]	1.6±0.1	1.9±0.1*	2.4±0.3**
blood glucose [mg/dL]	218±21	195±22	191±19
β endorphin [ng/wet • g]	16.2±2.5	19.0±1.9	22.4±3.5*
M-enkephalin [ng/wet • g]	6.1±1.0	6.5±1.1	11.8±1.9**

*Each value represents mean ±SEM. The number of rabbits per experiment was 10 at control, 8 at 7 - 10 kBq/L and 9 at 14 - 18 kBq/L. *P<0.05, **P<0.01 vs control*

Table 3: Dynamic changes in vasoactive, diabetes-associated and pain-associated substances of rabbit blood from radon inhalation

Catecholamines and tissue perfusion rate

In group B plasma concentration of adrenaline and noradrenaline (NA) was significantly higher than in the control group (Table 1). In adrenal tissue levels of both catecholamines were lower than in the controls (Table 1). Tissue perfusion rate increased after radon inhalation (Table 2).

Radon effects on variables related to arterial hypertension, diabetes mellitus and pain

In both radon groups histamine and α-ANP significantly increased after inhalation, while vasopressin decreased in both groups. Angiotensin II and PGE_2 showed no significant changes. A significant increase in insulin was found in group B. Glucose-6-phosphate dehydrogenase (G6PDH) activity and glucagon increased significantly in both radon groups. Blood glucose levels tended to decrease (Table 3).

In group B, ß-endorphin and M-enkephalin concentrations were significantly higher after radon inhalation.

Discussion

In contrast to the toxic effects of radon inhalation at high doses, the beneficial effects of radon exposure predominated in the dose range used for the present experimental studies. The changes after radon inhalation as seen in the concentration of certain substances in brain suggest that radon treatment may be effective in the prevention of brain disorders related to peroxidation. Increased levels of SOD were previously described by our group (Yamaoka et al. 1991).

The changes in the levels of biogenic amine neurotransmitters may be attributable to a decreased activity of aromatic-L-amino acid decarboxylase after radon inhalation, the key enzyme in the metabolism of biogenic amines.

The results of the evaluation of catecholamines suggest that radon may stimulate the secretion of both adrenaline and noradrenaline from the adrenal glands. An increased $ß_1$ activity of catecholamines may contribute to the higher tissue perfusion rate found in the present study.

Increased serum concentrations of histamine and α-ANP and decreased levels of vasopressin following radon exposure confirm the indication for radon treatment in arterial hypertension, which at Misasa spa has so far been based on clinical experience only. The stimulated secretion of insulin may point to a potentially beneficial effect in diabetes mellitus.

Pain has always been a main indication for radon treatment. The increased levels of ß-endorphin and M-enkephalin may in part explain why radon inhalation can alleviate symptoms in painful diseases.

The findings suggest that radon inhalation can initiate processes which may be favourable in certain diseases, such as senile brain disorders (Yamaoka et al. 1994), diabetes mellitus, arterial hypertension (Yamaoka and Ishii 1995), disorders of tissue perfusion and in pain (Yamaoka et al. 1993, Yamaoka and Komoto 1996). Evidently, in the low-dose region radon exposure is associated with beneficial effects outnumbering the potentially negative effects by far. The results confirm the long lasting clinical experiences of a positive benefit / risk ratio of radon treatment.

References

Yamaoka K, Edamatsu R, Itoh T, Mori A. Effects of low-dose X-ray irradiation on biomembrane in brain cortex of aged rats. Free Radic. Biol. Med. 16 (1994) 529-534

Yamaoka K, Edamatsu R, Mori A. Increased SOD activities and decreased lipid peroxide levels induced by low dose X irradiation in rat organs. Free Radic. Biol. Med. 11 (1991) 299-306

Yamaoka K, Ishii K. Effects of low-dose gamma-irradiation to the chest regions on the blood pressure of spontaneous hypertensive rats. Physiol. Chem. Phys. Med. NMR 27 (1995) 161-165

Yamaoka K, Komoto Y. Experimental study of alleviation of hypertension, diabetes and pain by radon inhalation. Physiol. Chem. Phys. Med. NMR 28 (1996) 1-5

Yamaoka K, Komoto Y, Suzuka I, Edamatsu R, Mori A. Effects of radon inhalation on biological function - lipid peroxide level, superoxide dismutase activity, and membrane fluidity. Arch. Biochem. Biophys. 302 (1993) 37-41

Address: Dr. sci. med. Kiyonori Yamaoka
         Okayama University Medical School
         2-5-1 Shikata-cho
         Okayama 700-8558
         Japan

Reduktion der Sauerstoffradikalfreisetzung aus Neutrophilen bei Patienten mit ankylosierender Spondylitis durch eine kombinierte Radon- und Hyperthermietherapie

N. Reinisch

Universität Innsbruck, Innere Medizin, Innsbruck, Austria

Zusammenfassung

Untersucht wurde die Sauerstoffradikalfreisetzung aus Neutrophilen, der totale antioxidative Status des Plasmas sowie allgemeine systemische Entzündungsparameter bei Patienten mit ankylosierender Spondylitis vor und nach einer kombinierten Radon- und Hyperthermietherapie im Gasteiner Heilstollen Böckstein. Es zeigte sich nach der Behandlung eine verminderte Sauerstoffradikalfreisetzung aus zirkulierenden Neutrophilen. Diese Veränderung könnte möglicherweise mit dem positiven Behandlungseffekt einer kombinierten Radon- und Hyperthermietherapie in Beziehung stehen.

Einleitung

Die ankylosierende Spondylitis (AS) ist eine chronisch entzündliche Erkrankung unklarer Genese. Die Neutrophilenfunktion spielt bei der AS möglicherweise eine Rolle, wie bereits in früheren Arbeiten für Migration, Phagozytose und Sauerstoffradikalfreisetzung aufgezeigt wurde. Bei Patienten mit AS war die Neutrophilenmigration verglichen zu gesunden Kontrollpersonen erhöht (Biasi et al. 1995, Pease et al. 1989). Bezüglich der Sauerstoffradikalfreisetzung wurden bei optimalen Konzentrationen von stimulierendem fMLP (formyl-Met-Leu-Phe) keine Unterschiede beschrieben; bei niedrigeren Konzentrationen der stimulierenden Substanz wurden jedoch geringere Mengen von Sauerstoffradikalen durch Zellen von Patienten freigesetzt, wenn diese nichtsteroidale Antirheumatika (NSAR) nahmen (Miller und Russell 1986). Andere Autoren beschrieben bei AS eine signifikante Verminderung der Sauerstoffradikalbildung und des Sauerstoffverbrauchs von Neutrophilen durch die Stimulation mit Zymosan-konditioniertem Medium, während diese Parameter durch Phorbolmyristatester und Calciumstimulation nicht verändert erschienen (El Abbouyi et al. 1988).

In unserer Studie untersuchten wir die Sauerstoffradikalbildung von Neutrophilen bei AS Patienten vor und nach einer kombinierten Radon- und Hyperthermietherapie in dem Heilstollen von Böckstein (Bad Gastein). Desweiteren untersuchten wir den Effekt der Therapie auf den totalen antioxidativen Status des Plasma sowie allgemeine Entzündungsparameter wie die Blutsenkungsgeschwindigkeit (BSG), C-reaktives Protein (CRP), Interleukin 1 (IL-l), solubler Interleukin 2 Rezeptor (sIL-2r) und Neopterin.

Material und Methoden

Patienten

Untersucht wurde das periphere Blut von 20 Patienten (11 Frauen, 9 Männer) im Alter von 48 ±9,7 (Mittel ±Standardabweichung) Jahren (Bereich zwischen 29 und 62 Jahren) mit der Diagnose einer ankylosierender Spondylitis entsprechend den modifizierten New York Kriterien (van der Linden et al. 1986), ohne daß neuerliche Röntgenbilder angefertigt wurden. Die mittlere Krankheitsdauer betrug 11 ±2,3 Jahre (Bereich 2 - 25 Jahre); die Patienten waren entsprechend der Klassifizierung nach Ott und Wurm (siehe Bröll et al. 1996) in die Stadien II bis IV einzuordnen.

Die Patienten waren mit der wissenschaftlichen Untersuchung nach entsprechender Aufklärung einverstanden. Eine genaue Medikamenten- und Krankenanamnese wurde erhoben. Während der Untersuchungsdauer nahmen 12 von 20 Patienten regelmäßig NSAR, ein Patient erhielt viermal i.v. Kortisoninjektionen, ein weiterer Patient gebrauchte Kortison-Dosieraerosol inhalativ zur Behandlung einer chronisch obstruktiven Lungenerkrankung. Die kombinierte Radon- und Hyperthermietherapie wurde in dem Gasteiner Heilstollen innerhalb von drei Wochen mit 10 Einfahrten von je 90 Minuten bei einer Umgebungstemperatur von 37,0°C bis 41,5°C, einer Luftfeuchtigkeit von 70% bis 95% und einem Radongehalt von bis zu 4,5 nCi/l Stollenluft durchgeführt (Sandri 1976). Die Kontrollgruppe bestand aus gesunden Personen ohne Medikation, die keiner erhöhten Radonkonzentration oder Hyperthermie ausgesetzt waren. Periphervenöse Blutproben wurden am Beginn und am Ende der Therapie entnommen. Bei der letzten Blutabnahme ging eine Probe aus technischen Gründen verloren.

Neutrophilenisolation

Die Neutrophilen wurden aus dem peripheren Blut mittels gradueller Dichtezentrifugation über Percoll, gefolgt von Dextransedimentation und Zentrifugation durch eine Schicht von Ficoll-Hypaque und von hypotoner Lyse der kontaminierenden Erythrozyten durch Natriumchloridlösung gewonnen (Wiedermann et al. 1992). Die Zellpräparation enthielt mehr als 95% Neutrophile (morphologisch durch Giemsafärbung gesichert) mit mehr als 99% lebenden Zellen (bestimmt mittels Trypanblaufärbung).

Sauerstoffradikalfreisetzung von Neutrophilen

Die Sauerstoffradikalfreisetzung von Neutrophilen wurde mit 2',7'-Diacetatdichlorofluorescein (DCFH-DA) bestimmt. Diese Untersuchung basiert auf der Oxidation von nicht-fluoreszierendem DCFH-DA zu hoch-fluoreszierendem 2',7'-Dichlorofluorescein, sowohl intra- als auch extrazellulär (Mur et al. 1997). 100µL/well (96-well plate, Falcon 3072) mit 2×10^5 Neutrophilen wurden bei 37°C in einer 1×10^{-5} mol/L Lösung von DCFH-DA in einer phenolrotfreien Hanks' Salzlösung mit 1 µmol/L formyl-Met-Leu-Phe als Stimulans (bzw. ohne Stimulans zur Kontrolle) vermischt. Die zugedeckten Platten wurden in einem Brutschrank (95% Luft / 5% CO_2) für 20 Minuten inkubiert. Die Fluoreszenzaktivität wurde bei einer Exzitation von 485 nm und einer Emission von 530 nm Wellenlänge mit dem CytoFluor 2350-Fluorometer bestimmt (Millipore Corp., Bedford, MA).

Totaler antioxidativer Status und allgemeine Entzündungsparameter

Der totale antioxidative Status wurde bei 600 nm Wellenlänge mit Azinoethylbenzthiazolinsulphonat und Met-Myoglobin photometrisch gemessen (WAK-Chemie Medical, Bad Homburg, Deutschland). BSG, CRP, IL-l, sIL-2r und Neopterin wurden mit Routinelabormesstechniken bestimmt.

Statistik

Die Messdaten sind als Mittelwert und Standardabweichung angegeben und mit dem 2-seitigen Student's t-Test sowie dem Kruskal-Wallis-Test berechnet (StatView software package, Abacus Concepts, Berkeley, CA).

Ergebnisse

Wie in Abbildung 1 gezeigt, beträgt die basale Sauerstoffradikalfreisetzung von Neutrophilen bei den Patienten (n = 20) vor der Therapie 409 ±62 Fluoreszenzeinheiten (FU; Mittelwert ±Standardabweichung) und 359 ±37 FU bei den Kontrollen (n = 9) (p > 0,5); die stimulierte Sauerstoffradikalfreisetzung (formyl-Met-Leu-Phe, $10^{-6}M$) war 1027 ±133 bei den Patienten und 1152 ±218 FU bei den Kontrollen (p > 0,5). Nach der Heilstollentherapie war die basale Sauerstoffradikalfreisetzung von Neutrophilen bei den Patienten (n = 19) 137 ± 16 FU im Vergleich zu 174 ±35 FU bei den nicht behandelten Kontrollen (n = 8) (p > 0,1), die stimulierte Sauerstoffradikalfreisetzung betrug entsprechend 670 ±66 and 1305 ±82 FU (p < 0,001).

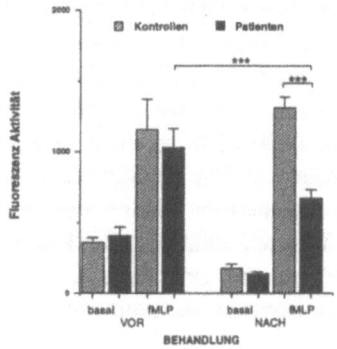

Abbildung 1: Basale und formyl-Met-Leu-Phe (fMLP)-stimulierte Sauerstoffradikalfreisetzung aus peripheren Blutneutrophilen von Patienten mit ankylosierender Spondylitis vor und nach kombinierter Radon- und Hyperthermietherapie. Die Sauerstoffradikalfreisetzung wurde fluorometrisch bei Patienten und gesunden Kontrollpersonen gemessen. Kontrollen, n = 9; Patienten vor der Behandlung, n = 20; Patienten nach der Behandlung, n = 19. ***, p < 0,001 (Student's T-test)

Bezüglich des gesamten antioxidativen Status im Plasma zeigten sich keine Unterschiede sowohl zwischen den Proben der Patienten vor (2,14 ±0,05 mmol/L; n = 20) und nach der Therapie (2,079 ±0,036 mmol/L; n = 19) als auch bei den Kontrollen davor und danach (2,023 ±0,026 mmol/L; n = 9, 1,969 ±0,024 mmol/L; n = 9) (Kruskal Wallis-test, p > 0,05).

Die allgemeinen Entzündungsparameter im Plasma beziehungsweise Serum, BSG, CRP, IL-l, sIL-2r und Neopterin waren alle im Normbereich und zeigten keinen Unterschied zwischen Patienten und Kontrollen, weder vor noch nach der Therapie (Tabelle 1).

	TAS*		Neopterin		sIL-2 r		IL-1		CRP	
	vor	nach	vor	nach	vor	nach	vor	nach	vor	nach
Kontrolle #	2,02 ±0,03	1,96 ±0,01	5,8 ±1,2	5,2 ±0,8	1,7 ±1,1	1,8 ±1,1	<10	<10	4,8 ±2,0	6,1 ±1,7
Patient #	2,14 ±0,1	2,08 ±0,04	7,1 ±1,7	6,2 ±0,9	2,4 ±0,8	2,4 ±1,0	<10	<10	8,7 ±1,1	11 ±2,3

* *TAS, totaler antioxidativer Status; sIL-2r, soluble IL-2 Rezeptor*
# *Mittelwert ±Standardabweichung*
Kruskal-Wallis-Test für TAS, Neopterin, sIL-2r, IL-1, CRP, p > 0,05

Tabelle 1: Parameter des totalen antioxidativen Status und der systemischen Entzündung im Plasma von Patienten mit ankylosierender Spondylitis vor (n = 20) und nach (n = 19) einer kombinierten Radon- und Thermaltherapie sowie von gesunden Kontrollen (n = 9)

Diskussion

Sauerstoffradikale dürften in der Gewebszerstörung bei rheumatischen Erkrankungen eine gewisse Rolle spielen. Der Mechanismus dieser Effekte ist nicht genau bekannt, es gibt jedoch Hinweise, daß diese Prozesse durch Entzündungsmediatoren und Medikamente vermittelt sind (Mur et al. 1997, Ristola et al. 1991). Bei AS gibt es keine einheitlichen Daten zur leukozytären Sauerstoffradikalbildung, was zum einen durch die verschiedenen Testsysteme, zum anderen auch durch die verschiedenen Stimuli bei unterschiedlichen Konzentrationen bedingt sein kann (Biasi et al. 1995, De Martino et al. 1977, El Abbouyi et al. 1988, Miller und Russell 1986). Die reduzierte Sauerstoffradikalfreisetzung von Neutrophilen, wie sie bei einigen Patienten mit AS beschrieben ist, könnte mit der NSAR-Medikation in Zusammenhang stehen oder aber auch Teil der Pathophysiologie der Erkrankung sein (Miller und Russell 1986).

In unserer Untersuchung zeigte sich kein Unterschied in der Sauerstoffradikalbildung von unstimulierten und stimulierten Neutrophilen bei AS Patienten vor der kombinierten Radon- und Hyperthermietherapie im Gasteiner Heilstollen verglichen zur Sauerstoffradikalbildung von Neutrophilen einer gesunden Kontrollgruppe. Diese Beobachtung hängt möglicherweise mit der relativ geringen Anzahl der Patienten mit NSAR-Medikation zusammen, da nur 12 von 20 Patienten regelmäßig NSAR einnahmen (Miller und Russel 1986). Desweiteren zeigten sich keine Unterschiede zwischen Patienten- und Kontrollgruppe bei der Messung des gesamten antioxidativen Status vor und nach der kombinierten Radon- und Hyperthermietherapie. Bereits in früheren Arbeiten wurden keine Unterschiede zwischen Rheumatikern und Gesunden bezüglich der Superoxiddismutaseaktivität gefunden (Pasquier et al. 1985), was vermuten läßt, daß bei AS Patienten der totale antioxidative Status nicht beeinflußt ist.

Als Hauptaussage dieser Untersuchung berichten wir über eine signifikante Reduktion der Sauerstoffradikalfreisetzung von Neutrophilen ex vivo durch eine kombinierte Radon- und Hyperthermietherapie bei AS. Die stimulierte Sauerstoffradikalproduktion war nach insgesamt 15 Stunden Radon- und Hyperthermieexposition in einem Zeitraum von 21 Tagen um ca. 30% reduziert im Vergleich zu den Werten vor der Behandlung. Diese Reduktion war unabhängig vom totalen antioxidativen Status und allgemeinen Entzündungsparametern wie BSG, CRP, IL-l, sIL-2r und Neopterin.

Obwohl Schädelbestrahlungen bei Kindern mit akuter lymphoblastischer Leukämie keinen Einfluß auf die Sauerstoffradikalfreisetzung von Neutrophilen erzeugte (Shiraishi et al. 1996), wurden nach Hochdosis-UV-A-Bestrahlung in vitro (0,6 - 1,0 J/cm^2) und Ganzkörper UV-B-Bestrahlung in vivo Neutrophilendysfunktionen, einschließlich der Sauerstoffradikalbildung, beobachtet (Lundin et al. 1990, Sandri 1974). Da nach unserem Wissen keine Daten über Hyperthermie und deren Einfluß auf die humane Neutrophilenfunktion vorliegen, dürfte die Radonexposition für die reduzierte Sauerstoffradikalbildung von Neutrophilen bei AS verantwortlich sein.

Die klinischen Erfolge der kombinierten Radon- und Hyperthermietherapie wurde bereits früher beschrieben (Günther und Henn 1969). Die Wirkmechanismen sind bislang jedoch noch nicht sicher geklärt. Die Beobachtung einer reduzierten Sauerstoffradikalbildungsaktivität von Neutrophilen durch eine kombinierte Radon- und Hyperthermietherapie bietet ein mögliches pathophysiologisches Prinzip für die Heilstollenbehandlung an, sollte die Sauerstoffradikalbildung von im Blut zirkulierenden Neutrophilen tatsächlich in bezug zur chronischen Entzündung bei AS stehen.

Literatur

Biasi D, Carletto A, Caramaschi P, Bellavite P, Andrioli G, Caraffi M, Pacor ML, Bambara LM. Neutrophil functions, spondylarthropathies and HLA-B27: a study of 43 patients. Clin. Exp. Rheumatol. 13 (1995) 623-7

Bröll H, Czurda R, Siegmeth W, Smolen J, Thumb N. Praktische Rheumatologie, 3rd edition. Blackwell Wissenschafts-Verlag, Berlin, Wien (1996)

De Martino M, Guazelli C, Biadaioli R, Cosenza E, Novembre E, Pisanu C, Vierucci A. Neutrophil function in children with acute lymphoblastic leukemia. Ann. Sclavo 19 (1977) 1109-18

El Abbouyi A, Paul JL, Roch-Arveiller M, Moachon L, Dougados M, Giroud JP, Amor B, Raichvarg D. Blood polymorphonuclear behavior in patients with ankylosing spondylitis. Clin. Exp. Rheumatol. 6 (1988) 401-3

Günther R, Henn O. Radon pit treatment of ankylosing spondylitis. Verh. Dtsch. Ges. Rheumatol. 1 (1969) 141-8

Lundin A, Michaelsson G, Venge P, Berne B. Effects of UVB treatment on neutrophil function in psoriatic patients and healthy subjects. Acta Derm. Venerol. 70 (1990) 39-45

Miller C, Russell AS. The generation of superoxide anions by polymorphonuclear leucocytes from patients with ankylosing spondylitis in response to the stimulant f-met-leu-phe. Clin. Exp. Rheumatol. 4 (1986) 135-7

Mur E, Zabernigg A, Hilbe W, Eisterer W, Halder W, Thaler J. Oxidative burst of neutrophils in patients with rheumatoid arthritis: Influence of various cytokines and medication. Clin. Exp. Rheumatol. 15 (1997) 233-7

Pasquier C, Laoussadi S, Sarfati G, Raichvarg D, Amor B. Superoxide dismutase in polymorphonuclear leukocytes from patients with ankylosing spondylitis or rheumatoid arthritis. Clin. Exp. Rheumatol. 3 (1985) 123-6

Pease CT, Fennell M, Brewerton DA. Polymorphonuclear leucocyte motility in men with ankylosing spondylitis. Ann. Rheum. Dis. 48 (1989) 35-41

Ristola M, Leirisalo-Repo M, Repo H. Determination of oxygen radical production in spondyloarthropathies by whole blood chemiluminescence. Ann. Rheum. Dis. 50 (1991) 782-6

Sandri B. Therapeutic results in ankylosing spondylitis in the Gasteiner Heilstollen. Wien. Klin. Wochenschr., Suppl. 28 (1974) 11-2

Sandri B. Combined radon- and hyperthermia treatment of ankylopoietic spondylarthritis in the thermal tunnels Böckstein-Bad Gastein. In: Morbus Bechterew (spondylitis ankylosans) (Ed.: Prohaska E). Maudrich, Wien (1976)

Shiraishi M, Nakaji S, Sugawara K. The effects of UVA irradiation on human neutrophil function. Nippon Eiseigaku Zasshi 50 (1996) 1093-102

Van der Linden S, Valkenburg HA, Cats A, et al. Evaluation of diagnostic criteria for ankylosing spondylitis: a proposal for modification of the New York criteria. Arthritis Rheum. 27 (1986) 361-368

Wiedermann CJ, Niedermühlbichler M, Braunsteiner H. Priming of polymorphonuclear neutrophils by atrial natriuretic peptide in vitro. J. Clin. Invest. 89 (1992) 1580-6

Adresse: Dr. med. Norbert Reinisch
           Universitätskliniken
           Innere Medizin
           Anichstraße 35
           A-6020 Innsbruck

Perkutaner Radon-Transfer und Strahlenexposition durch Radonzerfallsprodukte beim Radon-Thermalwasserbad

W. Hofmann[1], H. Lettner[1], R. Winkler[1], W. Foisner[2]

[1]Institut für Physik und Biophysik, Universität Salzburg, Salzburg, Austria
[2]Kurzentrum, Bad Hofgastein, Austria

Zusammenfassung

Aufbauend auf früheren Untersuchungen über den Radontransport Haut → Atemluft werden hier die neuesten Meßergebnisse der Radon- und Radon-Zerfallsproduktkonzentrationen in der Atemluft bzw. auf der Haut nach einem Radonbad vorgestellt. Der Patient badete 20 Minuten lang in Radon-Thermalwasser (Temperatur 37 - 39°C, mittlere Radonkonzentration 415 Bq/l). Die Radonkonzentration der Exhalationsluft wurde während und nach dem Bad gemessen. Es zeigte sich ein Radon-Transfer (Haut → Ausatemluft) von 380 Bq, der sich auf etwa 250 Bq während des Bades und 130 Bq in der Ruhephase aufteilt. Die Oberflächenaktivitäten der kurzlebigen Radon-Zerfallsprodukte auf der Haut zeigten große Unterschiede auf den einzelnen Hautarealen; sie waren größer als nach bisherigen Kenntnissen angenommen.

Einleitung

Bei der Untersuchung eines kausalen Zusammenhanges zwischen dem Radon (^{222}Rn)-Gehalt im Badewasser und seiner therapeutischen Wirkung ergeben sich folgende meßtechnische Fragestellungen:
− Wie groß ist der über die Haut aufgenommene Anteil des Radons im Körper bzw. welcher Prozentsatz wird wieder ausgeatmet?
− Wie groß sind die Radon- und Radonzerfallsproduktaktivitäten in der Atemluft?
− Wie groß sind die Zerfallsproduktaktivitäten auf der Haut?

Die einzelnen Expositionspfade sollen im folgenden am Beispiel einer typischen Badekur im Thermalkurhaus Bad Hofgastein untersucht werden: Der Patient badet 20 Minuten lang in einer Wanne mit einem Fassungsvermögen von 600 Liter und einer Temperatur von 37 - 39°C und erholt sich anschließend mindestens 35 Minuten lang in einem Ruheraum. Aufbauend auf früheren Untersuchungen über den Radontransport Haut-Atemluft (Lettner et al. 1997) sollen hier die neuesten Versuchsergebnisse über die Radon- und Radonzerfallsproduktkonzentrationen in der Atemluft bzw. auf der Haut vorgestellt werden.

Radontransfer Wasser-Körper-Exhalationsluft

Im Thermalbad diffundiert das Radon aufgrund des vorhandenen Konzentrationsgradienten in die Haut und in weiterer Folge in das Blut. Über den Blutkreislauf wird es im ganzen Körper verteilt, wobei seine Konzentration in den einzelnen Organen von seiner Löslichkeit im jeweiligen Organ oder Gewebe abhängt (Peterman und Perkins 1988). Während der Löslichkeitskoeffizient des Radons in den meisten Organen, z.B. in der Lunge, einen Wert von etwa 0,4 besitzt, d.h. 40 % des zugeführten Radons werden dort absorbiert, beträgt der entsprechende Wert für das Fettgewebe etwa 5,0 (Bernard und Snyder 1975). Der nicht in den einzelnen Organen absorbierte Anteil des über die Haut aufgenommen Radons gelangt über das Blut in die Lunge, wo es schließlich wieder ausgeatmet werden kann ("kutaneo-pulmonaler Radontransfer", Grunewald und Grunewald 1995).

Die Untersuchungen des Radontransportes durch die Haut und des Radongehaltes in der Exhalationsluft wurden an zwei Versuchspersonen durchgeführt (männlich, 29 Jahre, 191 cm, 100 kg; weiblich, 59 Jahre, 163 cm, 63 kg). Während des zwanzigminütigen Bades in dem vorher gut gelüfteten Baderaum wurde die Wasseroberfläche mit einer Aluminiumfolie abgedeckt (mit einem Loch zum Durchstecken des Kopfes), um das Entweichen des Radons aus dem Wasser zu verhindern. Zur Messung des Radongehaltes in der Exhalationsluft mußte die Versuchsperson vom Beginn der Badezeit bis zum Ende der Ruhephase in Zwei-Minuten-Intervallen in einen Behälter aus Aluminiumfolie ausatmen. Zur Messung der Radonkonzentration wurde die Luft in den Sammelbehältern in Lucas-Zellen übergeführt und mittels eines Pylon AB-45 Gerätes bestimmt. Das Badewasser wurde jeweils zu Beginn und Ende des Badevorganges in Flaschen gesammelt und sein Radongehalt anschließend in einer Ionisationskammer gemessen.

Die Menge des ausgeatmeten Radons wird durch den sogenannten "kutaneopulmonalen" Radontransfer TF bestimmt, der nach Grunewald und Grunewald (1995) als die Gesamtmenge des vom Patienten über die Haut aufgenommenen und über die Lunge wieder ausgeatmeten Radons (d.h. das Integral über die Radonkonzentration in der Exhalationsluft multipliziert mit dem Atemminutenvolumen) definiert ist. Der zeitliche Verlauf der Radonkonzentration in der Exhalationsluft der männlichen Versuchsperson ist in Abbildung 1 dargestellt (der Kurvenverlauf für die weibliche Versuchsperson unterscheidet sich nicht wesentlich von dem der männlichen Versuchsperson). Nach einem raschen Anstieg erreicht sie wenige Minuten nach dem Badebeginn einen Sättigungswert von 2,5 Bq/l, nimmt jedoch nach Beendigung des Bades exponentiell wieder ab.

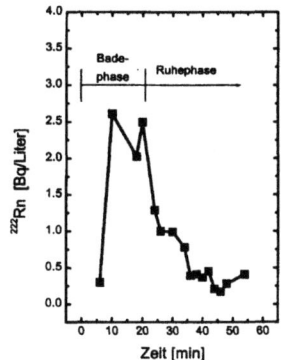

Abbildung 1: Zeitlicher Verlauf der Radonkonzentration in der Exhalationsluft einer männlichen Versuchsperson während eines Radon-Thermalbades (20 Minuten) und anschließender Ruhephase (35 Minuten)

Basierend auf einer gemessenen mittleren Radonkonzentration im Thermalwasser von 415 Bq/l und einem Atemminutenvolumen von etwa 7 l/min erhält man einen Radontransfer TF = 380 Bq, der sich auf etwa 250 Bq während des Bades und 130 Bq in der Ruhephase aufteilt. Berücksichtigt man die individuellen Schwankungen zwischen verschiedenen Personen, so stimmt dieser TF-Wert gut mit dem von Grunewald und Grunewald (1995) gefundenen Wert von 1200 Bq bei 2000 Bq/l Radon im Wasser (20 Minuten) überein.

Im gleichen Versuch wurde den Testpersonen am Ende der Badephase und während der Ruhephase 125 ml Blut abgenommen, um den Radongehalt des Blutes gammaspektrometrisch zu bestimmen. Leider waren die Gesamtaktivitäten zu klein, um sie experimentell statistisch signifikant nachweisen zu können. Nimmt man jedoch an, daß der Transport des Radons (^{222}Rn) vom Blut über die Alveolen in die Lunge und weiter in die Exhalationsluft analog dem des Thorons (^{220}Rn) in Thorotrastpatienten ist, so kann man nach Hofmann et al. (1990) eine Radonkonzentration im Blut von etwa 2,8 Bq/l abschätzen. Tatsächlich haben auch Grunewald et al. (1999) in ihren Untersuchungen gefunden, daß die Konzentration des Radons im Blut vergleichbar mit seiner Konzentration in der Exhalationsluft ist.

Radon und Radonzerfallsprodukte in der Atemluft

Im Bad nimmt der Patient das Radon aber nicht nur über die Haut auf, sondern er atmet auch das aus dem Badewasser in die Atemluft gelangende Radon ein (Pohl 1979). Entsprechend einem Löslichkeitskoeffizienten von 0,4 werden nur 40% des eingeatmeten Radons in der Lunge absorbiert (und anschließend über den Blutkreislauf im ganzen Körper verteilt), während die restlichen 60% wieder ausgeatmet werden. Während des Bades steigt die Radonkonzentration im Körper zuerst an und nimmt dann durch Ausatmen im Laufe der Ruhephase wieder ab. Im wesentlichen ist der Radontransfer durch die Lunge nach etwa einer Stunde abgeschlossen (Grunewald und Grunewald 1995).

Noch wichtiger für die Dosisberechnung in den einzelnen Organen, insbesondere der Lunge, sind jedoch die ebenfalls in der Atemluft vorhandenen kurzlebigen Zerfallsprodukte des Radons (Pohl und Pohl-Rüling 1977). Während das Verhalten des Radons im Körper vom Löslichkeitskoeffizienten bestimmt wird, hängt die Ablagerung der inhalierten Zerfallsprodukte im wesentlichen von der Größe der inhalierten Teilchen ab, d.h. je kleiner der Durchmesser umso größer die Depositionswahrscheinlichkeit durch Brown'sche Bewegung. Man unterscheidet daher zwischen dem an das Raumaerosol angelagerten Anteil der Zerfallsprodukte (Mittelwerte zwischen 0,1 und 0,3 µm) und dem "freien" (d.h. nicht angelagerten) Anteil (im Bereich um 1 nm) (Hofmann 1998). Die nicht in der Lunge zerfallenden Radonfolgeprodukte gelangen entweder direkt durch Diffusion oder indirekt über die mukoziliäre Clearance und den Magen-Darm-Trakt in den Blutkreislauf, durch den sie anschließend zu den verschiedenen Organen transportiert werden.

Aus obigen Überlegung ergeben sich für die Dosisabschätzung durch die Inhalation von Radon und seiner kurzlebigen Zerfallsprodukte folgende dosimetrischen Meßgrößen in der Raumluft: (i) Radonkonzentration, (ii) Gleichgewichtsfaktor Zerfallsprodukte/Radon, (iii) Konzentration des Raumaerosols, (iv) Größenverteilung des Raumaerosols, (v) Größenverteilung der an das Raumaerosol angelagerten Zerfallsprodukte, (vi) Größenverteilung der nichtangelagerten Zerfallsprodukte und (vii) Prozentsatz der nichtangelagerten Zerfallsprodukte. In unseren Untersuchungen wurden alle diese Parameter gleichzeitig während eines Bades gemessen.

Für die Messung der Radonkonzentration, des Gleichgewichtsfaktors und des Prozentsatzes der nichtangelagerten Zerfallsprodukte wurde ein Genitron Alphaguard bzw. ein RDS 1600 Alpha-Beta-Spektrometer der Firma Grimm verwendet. Die Größenverteilung der an das Raumaerosol angelagerten Zerfallsprodukte wurde mittels eines Niederdruck-Kaskadenimpaktors LPI 30/0,06/2 der Firma Hauke, mit anschließender Messung der Aktivitäten mit einem EG&G Octet Alpha-Spectrometer, bestimmt. Für die Messung der Konzentration und der Größenverteilung des inerten Raumaerosols standen uns ein Scanning Mobility Particle Sizer (SMPS, TSI Model 3934) zur Verfügung, bzw. wurde die Größenverteilung der nichtangelagerten Zerfallsprodukte mit einer Diffusionsbatterie (Eigenbau) gemessen (beide Geräte wurden uns von der Queensland University of Technology, Brisbane, Australien, für diese Messungen zur Verfügung gestellt).

Die während eines Bades im Kurzentrum Bad Hofgastein (20 Minuten) bei einem Radongehalt des Badewassers von 415 Bq/l gefundenen Meßwerte (zeitliche Mittelwerte) sind in Tabelle 1 zusammengefaßt.

Meßparameter	Meßwert
Radonkonzentration (kBq/m^3)	251
Gleichgewichtsfaktor Zerfallsprodukte/Radon	0,11
Konzentration des Raumaerosols (Teilchen/cm^3)	9130
Größenverteilung (Median), Raumaerosol (μm)	0,12
Größenverteilung (Median), angelagerte Zerfallsprodukte (μm)	0,29
Größenverteilung (Median), freie Zerfallsprodukte (nm)	1,1
Prozentsatz der freien Zerfallsprodukte (%)	25

Tabelle 1: Zeitliche Mittelwerte der für die Dosisberechnung durch inhaliertes Radon und seinen Zerfallsprodukten in der Luft relevanten dosimetrischen Meßgrößen während eines Bades (20 Minuten) bei einem mittleren Radongehalt des Badewassers von 415 Bq/l

Radonzerfallsprodukte auf der Haut

Mit Hilfe eines Halbleiter-Detektors wurden die Aktivitäten der beiden Alpha-Emitter ^{218}Po (RaA) und ^{214}Po (RaC') auf der Haut einer Versuchsperson nach Beendigung des Bades durch die Aufnahme ihrer Zerfallskurven bestimmt. Eine spektrometrische Bestimmung der Aktivitäten wäre zwar grundsätzlich möglich, ist aber wegen der Diffusion der Zerfallsprodukte in die Oberschichten der Haut und der dadurch verursachten Selbstabsorption mit zu großen Fehlern behaftet. Die dabei erhaltenen Obflächenaktivitäten der kurzlebigen Radonzerfallsprodukte auf der Haut (Oberarm, Oberschenkel und Bauch) nach einem zwanzigminütigen Aufenthalt im Bad bei einem mittleren Radongehalt des Badewassers von 846 Bq/l sind in Tabelle 2 angeführt. Durch die Diffusion der Zerfallsprodukte in die Haut, die dadurch für die Messung verloren gehen, dürften die tatsächlichen Aktivitäten aber über den in dieser Tabelle angeführten Werten liegen. Die spezifischen Aktivitätskonzentrationen auf den beiden Oberschenkeln sind tendenziell höher als auf dem Bauch oder dem linken Oberarm. Aber selbst auf dem Bauch treten Unterschiede zwischen den beiden ausgewählten Stellen auf, was auf eine nicht zu vernachlässigende biologische Variabilität hindeutet (z.B. unterschiedliche Diffusionsgeschwindigkeiten als Folge unterschiedlicher Hautdicken). Aus den berechneten Mittelwerten der Radonzerfallsprodukte an den fünf ausgewählten Stellen von 1,11 Bq/cm² (^{218}Po), 0,43 Bq/cm² (^{214}Pb) und 0,13 Bq/cm² (^{214}Po) ergibt sich ein Zerfallsproduktverhältnis auf der Haut von 1:0,39:0,12.

Nuklid	Oberflächenaktivität (Bq/cm²)				
	OA links	OS rechts	OS links	B rechts	B links
^{218}Po	0,53	1,45	1,52	0,88	1,20
^{214}Pb	0,22	0,43	0,89	0,28	0,31
^{214}Po	0,23	0,17	0,05	0,18	0.07

Tabelle 2: Obflächenaktivitäten der kurzlebigen Radonzerfallsprodukte auf der Haut einer männlichen Versuchsperson am Ende eines Bades (20 Minuten) bei einem mittleren Radongehalt des Badewassers von 846 Bq/l (Oberarm: OA, Oberschenkel: OS, und Bauch: B). Die Meßunsicherheit der Aktivitätsbestimmung wurde mit ± 20 % abgeschätzt

Zur Berechnung der Anlagerungsgeschwindigkeit der Radonzerfallsprodukte mußten folgende Annahmen getroffen werden: (i) ^{218}Po auf der Haut befindet sich nach Beendigung des Bades bereits im radioaktiven Gleichgewicht (die Badezeit beträgt etwa 7 Halbwertszeiten); (ii) die ^{218}Po-Aktivitätskonzentration im Badewasser ist während der Badezeit konstant; (iii) die Anlagerungsgeschwindigkeiten der einzelnen Nuklide ändern sich nicht während des Bades; (iv) die Anlagerungsgeschwindigkeiten aller drei Zerfallsprodukte sind gleich groß; und (v) das in die oberen Hautschichten diffundierte Radon trägt nicht zu den gemessenen Zerfallsproduktaktivitäten bei. Unter diesen Annahmen erhält man eine mittlere Anlagerungsgeschwindigkeit für die kurzlebigen Zerfallsprodukte von etwa 0,07 Bq/(cm²·s).

Dosisberechnungen

Berechnungen der Dosisverteilung im menschlichen Körper bei der Aufnahme von Radon im Thermalbad (20 Bäder zu jeweils 20 Minuten) zeigen, daß die Lunge mit 6,5 µGy die höchste Strahlendosis erhält (fast ausschließlich durch die Inhalation von Zerfallsprodukten in der Raumluft), während die Dosen in den meisten inneren Organen im Mittel um 1,2 µGy liegen (Pohl 1979; Hofmann 1991, 1997). Im Vergleich dazu ist die Hautdosis durch Radon allein um etwa eine Größenordnung kleiner als die mittlere Organdosis.

Unter der Annahme, daß (i) sich die gesamte Aktivität auf der Hautoberfläche befindet und (ii) die mittleren Dicken von Cuticula und Epidermis 10 µm bzw. 100 µm sind, kann man aus den in Tabelle 2 angegebenen Oberflächenaktivitäten auf der Haut und der Kenntnis der Tiefendosis-Verteilung im Gewebe eine mittlere Dosis der Epidermis berechnen. Bezogen auf eine mittlere Radonkonzentration im Badewasser von 415 Bq/l erhält man eine mittlere Epidermisdosis von etwa 50 µGy. Aufgrund der wahrscheinlichen Unterschätzung der Oberflächenaktivitäten auf der Haut infolge der Diffusion der Zerfallsprodukte in die Haut (die Verzerrung der Peaks in den Alphaspektren deutet darauf hin) dürfte die wahre Hautdosis noch höher sein als hier angegeben. Somit ist die Hautdosis aufgrund der angelagerten Zerfallsprodukte etwa zwei Größenordnungen höher als die durch Radon im Badewasser erzeugte Dosis. Zum Vergleich liegt die von Andrejew (1984) für eine typische Badetherapie in der früheren UdSSR angegebene Dosis für die Cuticula im Bereich von 0,56 – 5,6 µGy.

Schlußbemerkungen

Die beobachtete therapeutische Wirkung des Radonthermalbades bzw. der Radoninhalation im Heilstollen wird im allgemeinen auf die in den einzelnen Organen und Geweben des menschlichen Körpers erzeugten Strahlendosen zurückgeführt (Pohl 1979). Dies ist gleichbedeutend mit der Annahme eines direkten therapeutischen Effektes, z.B. die Regeneration des Gewebes durch stimulierte Zellteilung als Folge eines durch Alphastrahlung induzierten proliferativen Zelltods (Hofmann 1990). Dabei wäre das Targetorgan abhängig vom jeweiligen Krankheitsbild, z.B. die Wirbelsäule beim Morbus Bechterew. Eine alternative Erklärung dazu wäre die Annahme eines indirekten therapeutischen Effektes, z.B. die Stimulation des Immunsystems und die daraus resultierende Erhöhung der Schmerzschwelle bei Rheumapatienten (Bernatzky et al. 1997). Im Falle einer indirekten Strahlenwirkung wurde von Andrejew et al. (1990) die Haut als das wahrscheinlichste Targetorgan identifiziert, vermutlich die Langerhanszellen in der Epidermis (Pratzel et al. 1997), womit die Hautdosis als die relevante Dosisgröße für den erzielten therapeutischen Effekt anzusehen wäre.

Wenn auch beim derzeitigen Stand der Forschung die in der Radontherapie beobachteten therapeutischen Wirkungen noch nicht eindeutig bestimmten Organ- und Gewebedosen zugeordnet werden können, so steht doch außer Zweifel, daß die Haut in der Balneotherapie ein wichtiges Targetorgan ist. Unsere vorläufigen Messungen und Berechnungen haben gezeigt, daß die Hautdosis in den Gasteiner Thermalbädern viel höher ist als bisher angenommen wurde. Weitere Untersuchungen werden sich daher genauer mit der Anlagerungskinetik der Zerfallsprodukte an die Haut und ihrer anschließenden Diffusion in tieferliegende Hautschichten befassen.

Literatur

Andrejew SV. Balneotechnische, strahlenhygienische und dosimetrische Aspekte der Radontherapie in der UdSSR. Z. Phys. Med. Baln. Med. Klim. 13, Sonderheft 1 (1984) 32-39

Andrejew SV, Semjonow BN, Tauchert D. Zum Wirkungsmechanismus von Radonbädern. Z. Phys. Med. Baln. Med. Klim. 19, Sonderheft 2 (1990) 83-89

Bernard SR, Snyder WS. Metabolic models for estimation of internal radiation exposure received by human subjects from the inhalation of noble gases. In: ORNL Report 5046, Oak Ridge National Laboratory, Oak Ridge, TN (1975) 197-204

Bernatzky G, Graf AH, Saria A, Lettner H, Hofmann W, Adam H, Leiner G. Schmerzhemmende Wirkung einer Kurbehandlung bei Patienten mit Spondylarthritis Ankylopoetica. In: Radon in der Kurortmedizin (Hrsg.: Pratzel HG, Deetjen P). ISMH Verlag, Geretsried (1997) 144-157

Grunewald M, Grunewald WA. Radon (Rn)-Transfer während der Balneotherapie in der Best'schen Wanne. Phys. Rehab. Kur Med. 5 (1995) 189-195

Grunewald WA, von Philipsborn H, Just G. Radon-Transfer Haut-Blut-Expirationsluft (in vorliegendem Kongreßband) (1999)

Hofmann W. Gibt es "biopositive" Effekte bei der Radontherapie? Z. Phys. Med. Baln. Med. Klim. 19, Sonderheft 2 (1990) 69-77

Hofmann W, Johnson JR, Freedman N. Lung dosimetry of Thorotrast patients. Health Phys. 59 (1990) 777-790

Hofmann W. Radon in der physikalischen Therapie – eine Bestandsaufnahme. In: Strahlenrisiko durch Radon, Strahlenschutz in Forschung und Praxis, Band 33. Gustav Fischer Verlag, Stuttgart (1991) 25-34

Hofmann W. Vergleich von Radondosis und Röntgenstrahlungsdosis (radon doses compared to x-ray doses). In: Radon in der Kurortmedizin (Hrsg.: Pratzel HG, Deetjen P). ISMH Verlag, Geretsried (1997) 57-67

Hofmann W. Overview of radon lung dosimetry. Radiat. Prot. Dosim. 79 (1998) 229-236

Lettner H, Hofmann W, Rolle R, Winkler R, Foisner W. Radon dynamics in underwater thermal radon therapy. In: Proc. IRPA Regional Symposium on Radiation Protection in Neighbouring Countries of Central Europe (Ed.: Sabol J), Prag (1997) 133-135

Peterman BF, Perkins CJ. Dynamics of radioactive chemically inert gases in the human body. Radiat. Prot. Dosim. 22 (1988) 5-12

Pohl E, Pohl-Rüling J. Dose calculations due to the inhalation of ^{222}Rn, ^{220}Rn and their daughters. Health Phys. 32 (1977) 552-555

Pohl E. Physikalische Grundlagen der Radontherapie: Organ- und Gewebedosen und ihre Bedeutung für Patient und Personal. Z. angew. Bäder- und Klimaheilk. 26 (1979) 437-442

Pratzel HG, Legler B, Heisig S, Klein G, Franke T, Aurand K. Wirksamkeit und Verträglichkeit von Radonbädern bei Patienten mit schmerzhaften Beschwerden bei degenerativen Erkrankungen von Wirbelsäule und Gelenken. In: Radon in der Kurortmedizin (Hrsg.: Pratzel HG und Deetjen P). ISMH Verlag, Geretsried (1997) 114-143

Danksagung

Vorliegende Forschungsarbeiten wurden vom Forschungsinstitut Gastein-Tauernregion im Rahmen des Projektes FPK 45 "Aufnahme des Radons in den menschlichen Körper beim Thermalbad" gefördert. Weiters danken die Autoren Herrn M. Jamriska, Queensland University of Technology, Brisbane, Australien, für die Durchführung der Aerosolmessungen mit dem TSI Scanning Mobility Particle Sizer (SMPS) bzw. der von ihm entwickelten Diffusionsbatterie sowie Herrn Dr. R. Rolle für die Messungen der Radonzerfallsprodukte mit dem Grimm RDS 1600 Alpha-Beta-Spektrometer.

Adresse: Univ.-Prof. Dr. W. Hofmann
Institut für Physik und Biophysik
Universität Salzburg
Hellbrunner Str. 34
A-5020 Salzburg

Radon-Transfer Haut-Blut-Exspirationsluft

W. A. Grunewald[1], H. v. Philipsborn[2], G. Just[3]

[1] Kurmittelhaus Sibyllenbad, Neualbenreuth
[2] Universität Regensburg, Regensburg
[3] Forschungsbüro Radon und Balneologie, Dresden

Zusammenfassung

Der Radon (Rn)-Transfer, d.h. die während eines Radon-Bades über die Haut aufgenommene und über die Lunge abgegebene Radon-Menge, beträgt bei 37°C, Baddauer 20 min und ca. 2000 Bq/l Wannenkonzentration ca. 1000 Bq und dauert etwa 50 Minuten. Bei 1300 Bq/l im Wannenwasser beträgt nach 30 Minuten die Radon-Konzentration im Blut 4,2 Bq/l und in der Exspirationsluft 2400 Bq/m³. Bei Verwendung einer Radon-CO_2-Kombinationswanne steigert das im Wasser gelöste CO_2 die Durchblutung und dadurch den Radon-Transfer. Die Radon-Konzentration in der Exspirationsluft liegt nach einem Radon-CO_2-Kombinationsbad (Endkonzentration 1502 Bq/l) bei 7500 Bq/m³ verglichen mit 4200 Bq/m³ nach einem reinen Radon-Bad von 1810 Bq/l. Die Radon-Wannen-Therapie bei Hyperämie durch CO_2 ist auch für Patienten mit Bluthochdruck und Herzinsuffizienz mittleren Schweregrades gut verträglich.

Der <u>Radon-Transfer</u> ist die Menge Radon, die während eines Radon-Bades einer bestimmten Dauer und Aktivitätskonzentration über die Haut in den Körper aufgenommen und über die Lunge wieder abgegeben wird. Beschrieben werden kann dieser Austauschprozeß über die Beziehung, die in Abbildung 1 dargestellt ist.

$$D\Delta c\,(\vec{r},t) - \vec{v}\,(\vec{r},t)\,\mathrm{grad}\,c\,(\vec{r},t) = \frac{\partial c(\vec{r},t)}{\partial t}$$

Diffusionsterm   Konvektionsterm   Transferterm

Abbildung 1: Mathematische Beschreibung des Radon-Austauschprozesses von der Haut über den Körper zur Exspirationsluft des Patienten. Der Radontransfer der rechten Seite wird durch den Diffusions- und Konvektionsterm der linken Seite bestimmt.

Sie ist abgeleitet aus der Theorie der Ausgleichsprozesse inerter Gase zur Bestimmung der Durchblutung biologischer Gewebe mittels der H_2-Clearance (Wodick 1976). Auf der linken Seite dieser Beziehung stehen, sozusagen als

„treibende Kräfte", der Diffusionsterm und der Konvektionsterm. Auf der rechten Seite steht der Transferterm. Den Transferterm und daraus den Radon-Transfer erfassen wir meßtechnisch, die linke Seite der Beziehung dient uns zur Interpretation der Meßergebnisse, vor allem aber zur Analyse bestimmter Einflußgrößen bzw. Parameter auf den Austauschprozeß. Dieser nämlich wird wiederum bestimmt durch die Randbedingungen unseres Systems, das in Abbildung 2 schematisch dargestellt ist.

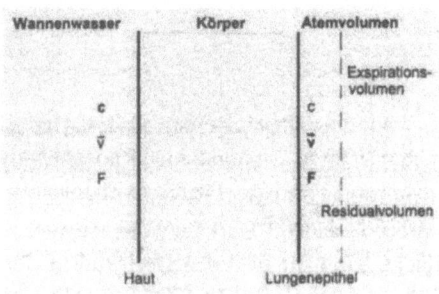

Abbildung 2: Schematische Darstellung des Austauschsystems während eines Radonbades. An der Grenzfläche Haut bzw. Lungenepithel bestimmen die Randbedingungen den Austauschprozeß; links ist c die Radonkonzentration des Wannenwassers, F die Körperoberfläche und $\bar{v}$ die hautnahe Durchblutung; rechts ist c die Radonkonzentration der Exspirationsluft (unsere Meßgröße), F die Austauschfläche der Lunge und $\bar{v}$ die lungenepithelnahe Durchblutung.

Randbedingung ist einmal die Radon-Konzentration c im Wannenwasser und damit an der Haut. Je höher diese ist, umso mehr Radon dringt über die Haut in den Körper ein, das heißt, umso höher ist der Radon-Transfer. c auf der Lungenseite ist unsere Meßgröße. Eine weitere Randbedingung ist die Austauschfläche F haut- und lungenseits. An der Hautseite beträgt sie ca. 1,5 m² (Hautoberfläche ohne Kopf); an der Lungenseite ist die Austauschfläche um den Faktor 10^3 größer („Größe eines Fußballplatzes"). Der Radon-Austausch ist damit lungenseits erheblich erleichtert gegenüber der Hautseite.

Eine weitere sehr wesentliche Einflußgröße auf den Radon-Transfer ist die Durchblutung $\bar{v}$. Diese ist an der Hautseite, das ist praktisch das Unterhautfettgewebe, sehr klein verglichen mit der Durchblutung an der Lungenepithelseite. Das Radon muß hautseits einen langen Weg per Diffusion (ca. 100 μm und mehr) zurücklegen, um Blutgefäße zu erreichen, um dann auch per Konvektion, d.h. über das Blut transportiert zu werden. An der Lungenseite haben wir aufgrund der hohen Durchblutung sozusagen einen Blutsee und dieser ist nur um eine Zellschicht (Größenordnung 10 μm) vom Raum der Exspirationluft getrennt. Austauschfläche, hohe Durchblutung und kurzer Diffusionsweg lungenseits garantieren einen optimalen Austausch des Radons in die Exspirationsluft. Es ist somit nur ein geringer Konzentrationsgradient über die kurze Diffusionsstrecke zwischen Blut und Raum der Exspirationsluft erforderlich, um das Radon aus dem Körper herauszutransportieren. Daraus kann im voraus bereits geschlossen werden, daß die Radon-Konzentration im Blut in der Größenordnung der Konzentration in der Exspirationsluft zu erwarten ist. Wegen der vergleichsweise kleinen Austauschfläche hautseits und wegen des vergleichsweise großen Diffusionsweges bis hin zur Blutbahn, die hier zudem noch eine niedrige Durchblutungsgröße hat, benötigen wir einen hinreichend hohen Konzentrationsgradienten, d.h. eine hohe Radon-Konzentration im Wannenwasser, um lungenseits einen meßbaren Radon-Transfer zu bewirken.

Zur Messung des Radon-Transfers befindet sich die Versuchsperson (VP) für mindestens 20 Minuten in der Radon-Wanne bei einer Aktivitätskonzentration von 1300 bis 2000 Bq/l und einer Temperatur von 36 bis 37°C. Sie atmet Außenluft, d.h. radonfreie Luft ein. Die ausgeatmete Luft wird getrennt durch ein Ventil der Meßanordnung zugeführt. Nach 20 Minuten wird der VP 120 ml Venenblut zur Messung abgenommen. Es sei hier ausdrücklich darauf hingewiesen, daß diese Untersuchungen nur im Selbstversuch unternommen wurden.

Für die Messungen wurden nicht zuletzt wegen der hohen Dynamik und der erreichbaren Nachweisgrenzen folgende Technik eingesetzt:

Radon-Folgeprodukte in Wasser
- Bequerel Monitor
- LLMS 500 (Filtermethode) (v. Philipsborn 1994, 1997, Haninger et al. 1998)

Radon-Gas in Wasser, Blut und Exspirationsluft
- PYLON AB-5 mit
- Lucaszellen 300 A
- E. L. (Environmental Level Radon Gas Detector)
- T.E.L. (Trace Level Radon Gas Detector)

In einer ersten Untersuchung, die aus den Anfängen der 90er Jahre stammt, wurde der Radon-Transfer diskontinuierlich bestimmt (Aurand und Rühle 1993, Grunewald und Grunewald 1995). Im Minutentakt wurde die Exspirationsluft in radondichten Beuteln gesammelt, anschließend Radon-Kozentration und Beutelvolumen (= Atemminutenvolumen der VP) bestimmt. Das Zeitintegral über dem Produkt aus Beutelkonzentration und Atemminutenvolumen ergibt den Radontransfer und zwar in absoluter Größe, d.h. in Bq bezogen auf Badkonzentration und -dauer für die VP.

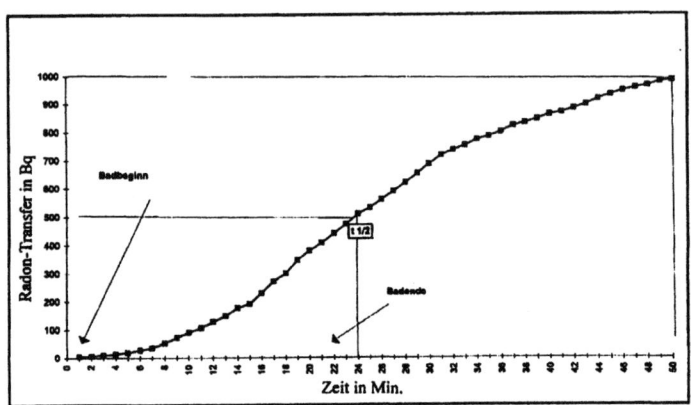

Abbildung 3: Radontransfer einer Versuchsperson (VP) bei einem Radonbad von ca. 2000 Bq/l Wannenkonzentration, 20 Minuten Dauer und 36 - 37°C. Der Transfer beträgt ca. 1000 Bq, hat eine Halbwertszeit von 24 Minuten und ist nach 50 Minuten praktisch abgeschlossen.

Abbildung 3 zeigt den Radon-Transfer in Abhängigkeit von der Zeit. Nach 50 Minuten ist der Transferprozeß praktisch abgeschlossen. Der Radon-Transfer beträgt dann ca. 1000 Bq. Die Halbwertszeit liegt bei 24 Minuten. Zu vergleichbaren Ergebnissen gelangten auch Lettner und Mitarbeiter (Lettner et al. 1997).

Bei den neueren Untersuchungen wurde die Radon-Konzentration der Exspirationsluft kontinuierlich gemessen. Da das Atemzeitvolumen nicht mitbestimmt werden konnte, wurde allein die Höhe der Radon-Konzentration in der Expirationsluft als das Maß für den Radon-Transfer herangezogen. Abbildung 4a zeigt den typischen Verlauf der Radon-Konzentration in der Exspirationsluft während eines 30minütigen Radon-Bades und der anschließenden Nachruhe.

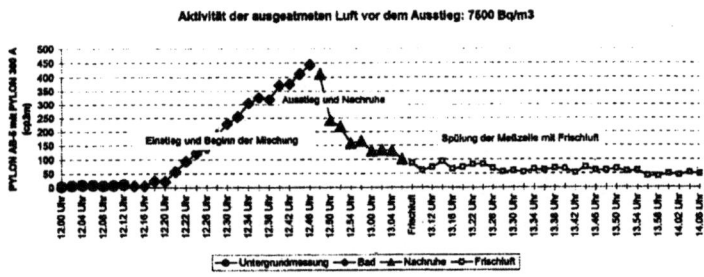

Abbildung 4a: Typischer Verlauf der Radonkonzentration in der Exspirationsluft der VP mit Konzentrationsanstieg nach Badbeginn und -abfall nach Verlassen der Wanne.

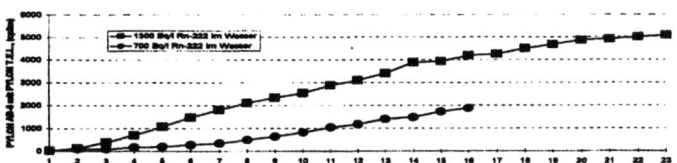

Abbildung 4b: Verlauf der Radonkonzentration in der Exspirationsluft bei einer Wannenkonzentration von 700 Bq/l bzw. 1300 Bq/l. Die Radonkonzentration der Exspirationsluft am Badeende steigt proportional hierzu von 1200 Bq/m³ auf 2400 Bq/m³.

Abbildung 4b zeigt den Konzentrationsverlauf der Exspirationsluft unter den oben genannten Versuchsbedingungen bei unterschiedlich hoher Radon-Konzentration in der Wanne. Es zeigt sich ein zur Wannenkonzentration proportionaler Anstieg der Exspirationskonzentration. Beim Anstieg der Wannenkonzentration von 700 Bq/l auf 1300 Bq/l steigt die Exspirationskonzentration am Ende des Beobachtungszeitraumes von 1200 Bq/m³ auf 2400 Bq/m³. Die Verweildauer der VP in der Radon-Wanne betrug hier 32 Minuten (= gemeinsamer Beobachtungszeitraum).

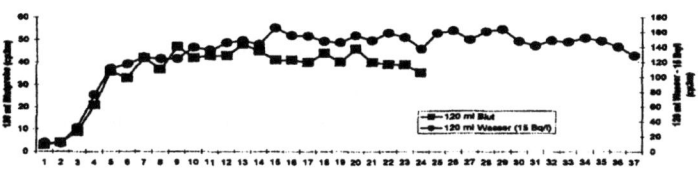

Abbildung 5: Radonkonzentration im Blut der Versuchsperson nach einem Bad von 20 Minuten Dauer, 37°C Temperatur, 1300 Bq/l Wannenkonzentration und einer Meßprobe von 120 ml. Sie beträgt unter den genannten Bedingungen 4,2 Bq/l Blut.

Abbildung 5 zeigt nun die Radon-Konzentration im Blut der VP am Ende des Radon-Bades von 1300 Bq/l und 30 Minuten Dauer. Die Entgasungskurve zeigt einen Endwert von ca. 4,2 Bq/l bzw. 4200 Bq/m³. Die Radon-Konzentration in der Exspirationsluft betrug bei gleicher Wannenkonzentration und vergleichbarer Verweildauer 2,4 Bq/l bzw. 2400 Bq/m³. Damit ist die getroffene Voraussage bestätigt, daß die Radon-Konzentration im Blut im Mittel in der gleichen Größenordnung wie die in der Exspirationsluft liegt, nämlich 4,2 Bq/l im Blut und 2,4 Bq/l in der Exspirationsluft für die VP im Radon-Bad von 1300 Bq/l Konzentration, einer Dauer von 30 Minuten und 36 - 37°C.

Schließlich wurde eingangs erwähnt, daß die Durchblutungsgröße $\vec{v}$ einen Einfluß auf den Radon-Transfer hat. Gelingt es $\vec{v}$ zu beeinflussen, kann der Radon-Transfer beeinflußt werden.

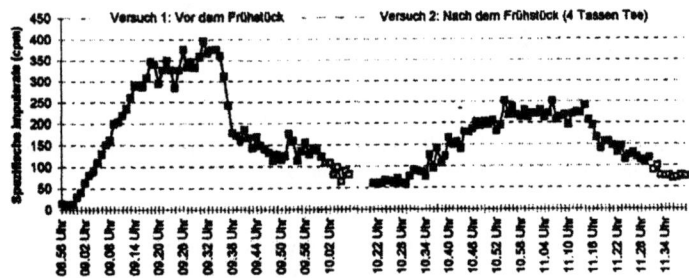

Abbildung 6: Verlauf der Radonkonzentration in der Exspirationsluft der Versuchsperson während zweier Radonbäder mit identischen Bedingungen im Abstand von ca. 1 Stunde. Zwischen beiden Bädern hat die VP 4 Tassen schwarzen Tee getrunken. Obwohl das zweite Bad länger dauert als das erste, ist die Radonkonzentration der Exspirationsluft deutlich niedriger als die des ersten Bades. Ursache hierfür ist die durchblutungsmindernde Wirkung der Inhaltsstoffe des getrunkenen Tees insbesonders an der hautnahen Seite.

Abbildung 6 zeigt einen Zufallsbefund, der die Abnahme des Radon-Transfers bei Verminderung der Durchblutung belegt. Die VP hatte zwischen zwei Bädern gleicher Radon-Konzentration, Abstand ca. 1 Stunde, 4 Tassen schwarzen Tee getrunken. Obwohl die Verweildauer während des zweiten Bades ca. 12 Minuten länger war als im ersten von 9^{02} h bis 9^{32} h, steigt die Radon-Konzentration in der Exspirationsluft während des zweiten Bades nur auf etwas über die Hälfte der Exspirationskonzentration während des ersten Bades an. Dafür ist die vasokonstriktive und damit durchblutungsmindernde Wirkung der Inhaltsstoffe von schwarzem Tee vor allem in der Haut die Ursache.

Umgekehrt zu dieser Tatsache weiß man, daß die Kohlensäure, gelöst in Wasser, die Hautdurchblutung steigert. Um den Einfluß der natürlichen Kohlensäure unserer Mineralquelle mit einem Gehalt von 2000 mg/l (Baumann 1996) auf den Radon-Transfer zu quantifizieren, benutzen wir folgende Versuchsanordnung:

Die VP beginnt mit einem reinen CO_2-Mineralbad von 2000 mg/l und 36°C. Das Bad ist bis zum Überlauf gefüllt. Mit Beginn des Bades wird Radon-Wasser mit ca. 20 l/min in Bodennähe zugespeist und so der Radon-Gehalt angereichert. Entsprechend der zulaufenden Menge Radon-Wassers läuft Mischwasser über den Überlauf der Wanne ab. Dieses Austauschbad dauert 20 bis 25 Minuten.

Radon-Transfer Haut-Blut-Exspirationsluft

Abbildung 7: Radonkonzentration einer Radon - CO_2 - Austauschwanne nach bodennaher Einspeisung reinen Radon-Wassers in ein CO_2 - Bad sowie der dazu zeitlich verzögerte Radonkonzentrationverlauf in der Exspirationsluft der VP jeweils auf den Endwert normiert.

Abbildung 7 zeigt den Anstieg der Radon-Konzentration in der Wanne nach Beginn der Radon-Zuspeisung zum CO_2-Mineralbad nach dem Einstieg, die zeitlich verschobene Konzentration der Exspirationsluft sowie deren Abfall nach dem Ausstieg. Die Endkonzentration des Austauschbades erreicht nach 20 - 25 Minuten ca. 2/3 der Konzentration des zugespeisten Radon-Wassers.

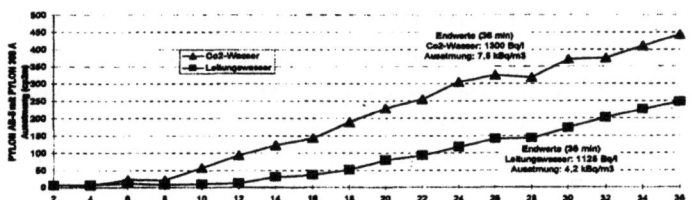

Abbildung 8: Radonkonzentration in der Exspirationsluft der VP während eines Radonaustauschbades gleicher Radonkonzentration im Zulauf bei Leitungswasser bzw. CO_2-haltigem Mineralwasser von ca. 2000 mg/l CO_2 im Vorbad. Im CO_2 - Radon - Austauschbad ist die Radonendkonzentration der Exspirationsluft deutlich höher (7,5 kBq/m^3) als im Radonaustauschbad mit Leitungswasser (4,2 kBq/m^3). Ursache hierfür ist die durchblutungssteigernde Wirkung des CO_2 vor allem in der Haut.

Abbildung 8 zeigt den Einfluß der Kohlensäure auf den Radon-Transfer. Im unteren Kurvenverlauf war statt des Kohlensäure-Mineralwassers reines Leitungswasser für das Austauschbad verabreicht worden. Die Radon-Konzentration im Austauschbad war in beiden Fällen in etwa gleich. Der CO_2-Effekt auf die Radon-Konzentration der Exspirationsluft und damit auf den Radon-Transfer ist deutlich: Endkonzentration 4200 Bq/m^3 im Leitungswasseraustauschbad verglichen zu 7500 Bq/m^3 im CO_2-haltigen Austauschbad. Die Radon-

Endkonzentration im Austauschbad betrug bei Leitungswasser 1125 Bq/l, bei CO_2-Mineralwasser 1300 Bq/l.
Somit läßt sich die Relevanz der kutanen Hyperämie eindeutig belegen. Die vermehrte Hautdurchblutung steigert den Radon-Transfer beträchtlich, wie auch in Abbildung 9 deutlich wird.

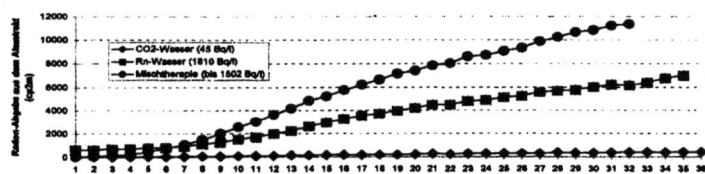

Abbildung 9: Radonkonzentration in der Exspirationsluft der VP während eines reinen Radonbades und während eines Radon - CO_2 - Austauschbades mit gleicher Radonkonzentration im Zulauf (1810 Bq/l) wie im <u>reinen</u> Radonbad. Obwohl die Radonendkonzentration im Austauschbad nur 1502 Bq/l betrug im Vergleich zu 1810 Bq/l des reinen Radonbades ist die Radonendkonzentration am Ende des Radon-CO_2-Austauschbades deutlich höher als die nach dem <u>reinen</u> Radonbad. Durch den CO_2-Effekt auf die Durchblutung kann der Radontransfer im Radon-CO_2-Austauschbad gesteigert werden. Die eingezeichnete dritte Kurve zeigt den Radonkonzentrationsverlauf in der Exspirationsluft der VP eines Austauschbades bei Einspeisung von CO_2-Wasser in CO_2-Wasser (Nullversuch).

Abbildung 9 zeigt in Kurve 1 den Konzentrationsverlauf in der Exspirationsluft in Abhängigkeit von der Zeit eines reinen Radon-Bades von 1810 Bq/l Wannenkonzentration, Kurve 2 (Nullversuch) den gleichen Verlauf bei einem reinen CO_2-Mineralbad (Radon-Gehalt 45 Bq/l) und in Kurve 3 den Verlauf bei einem Radon/CO_2-Austauschbad mit gleicher Radon-Konzentration im Zulauf wie im reinen Radon-Bad der Kurve 1. Obwohl die Radon-Konzentration am Ende eines Austauschbades mit 1502 Bq/l deutlich unter der Radon-Konzentration des reinen Radon-Bades mit 1810 Bq/l liegt, ist die Radon-Konzentration in der Exspirationsluft und damit der Radon-Transfer im Austauschbad fast doppelt so hoch. Daraus resultiert, daß sich die Effizienz eines Radon-Bades, gemessen am Radon-Transfer, durch die hyperämisierende Wirkung der Kohlensäure im Wannenwasser steigern läßt.

Die effizienzsteigernde Wirkung der Radon-Therapie durch Hyperämie ist nichts neues. Bei der Stollentherapie wird die Erdwärme zur Erzeugung einer Hyperämie genutzt. Der Vorteil eines Radon/CO_2-Austauschbades zur Steigerung der Radon-Effizienz ist aber der, daß CO_2 gleichzeitig zur Durchblutungssteigerung die Herzfrequenz und den Blutdruck durch Erweiterung von Widerstandsgefäßen senkt. Damit können auch Patienten mit Bluthochdruck und Herzinsuffizienz mittleren Schweregrades der Radon-Therapie bei Hyperämie durch CO_2 zugeführt werden.

Literatur

Aurand K, Rühle H. Verschiedene Meßverfahren von Radon in Luft am Beispiel biophysikalischer Untersuchungen. 20. Radiometrisches Seminar, Theuern (1993)

Baumann M. Die Heil- und Mineralquellen vom Sibyllenbad/Neualbenreuth in der Oberpfalz. Heilbad und Kurort (1996) 157-162

Grunewald M, Grunewald WA. Radon (Rn)-Transfer während der Balneotherapie in der Best'schen Wanne. Phys. Rehab. Kur. Med. 5 (1995) 189-195

Haninger T, von Philipsborn H, Grunewald WA. Strahlenexposition des Personals in einem Radon-Heilbad. Strahlenschutzpraxis 3 (1998) 30-36

Lettner H, Hofmann W, Rolle R, Winkler R, Foisner W. Radon dynamics in underwater thermal radon therapy. Proc. IRPA Symposium Radiation Protection in Neigbouring Countries of Central Europe, Prague (1997) 133-135

von Philipsborn H. Messungen des dynamischen Verhaltens von Radon und Radontöchtern unter nicht-stationären Bedingungen. 26. Jahrestagung Fachverband Strahlenschutz, Karlsruhe. Verlag TÜV Rheinland,Tagungsband II (1994) 804-809

von Philipsborn H. Efficient adsorption of waterborne short-lived radon decay products by glass fiber filters. Health Phys. 72 (1997) 277-281

Wodick R. Möglichkeiten und Grenzen der Bestimmung der Blutversorgung mit Hilfe der lokalen Wasserstoffclearance. Akademie der Wissenschaften und der Literatur, Steiner, Wiesbaden (1976) 29

Adresse: Prof. Dr. Dr. W. A. Grunewald
Kurmittelhaus Sibyllenbad
Kurallee 1
D-95698 Neualbenreuth

Wirkungsverstärkender Effekt von Radonbädern durch CO_2

P. Skorepa[1], G. Klein[1], H. G. Pratzel[2]

[1] Klinik Frankenwarte, Bad Steben
[2] Institut für Balneologie und Klimatologie, Ludwig-Maximilians-Universität, München

Zusammenfassung

In einer prospektiven randomisierten Doppelblindstudie bei Patienten mit muskuloskelettalem Schmerzsyndrom aufgrund degenerativer Wirbelsäulen- und Gelenkveränderungen wurden die Wirkungen eines Radonbades mit den Effekten eines kombinierten Radon/CO_2-Bades verglichen. Die Mischbäder mit einer wesentlich niedrigeren Radonkonzentration zeigten eine weitgehend gleiche Schmerzlinderung. Offensichtlich verstärkt die Kohlensäure die Aufnahme und Wirkung des Radons. Hervorzuheben ist die durchweg gute Akzeptanz beider Bäderformen mit einer subjektiv als etwas angenehmer erlebten Wirkung bei den Radon/CO_2-Mischbädern.

Einleitung

Mehrere Untersuchungen und Studien der vergangenen Jahre konnten die klinische Wirksamkeit der Radonbehandlung in Form eines Langzeiteffekts nachweisen und zur Aufkärung möglicher Wirkmechanismen beitragen.
 In der Erfahrungsmedizin waren die schmerzlindernden Wirkungen dieser Therapieform längst bekannt (vgl. Bernatzky et al. 1997, Jöckel 1988, Morinaga 1988). In der Wissenschaft gibt die Radonbalneologie bei Kritikern und Befürwortern noch immer Anlaß zu lebhaften Diskussionen (z.B. Seichert 1992). Schäden durch Behandlung mit niedrig dosierter radioaktiver Strahlung sind bis jetzt allerdings noch nicht bekannt geworden.
 Ziel der vorliegenden Studie war -unter dem Gesichtspunkt einer Dosisreduktion und damit eines reduzierten Strahlenrisikos- herauszufinden, ob der gleiche analgetische Effekt radonhaltiger Vollbäder auch durch Mischbäder erreicht werden kann, die durch Zuleitung kohlensäurehaltigen Wassers auf die Hälfte ihrer ursprünglichen Konzentration verdünnt wurden.
 Das Kohlendioxid im Wasser hat einen direkt vasodilatierenden Effekt und ermöglicht ein rascheres Eindringen von Radon in die Haut (Komoto et al.

1988). Gleichzeitig werden aber auch durch die Durchblutungssteigerung Hautdepots schneller mobilisiert. Die Studie war nach streng wissenschaftlichen Kriterien im Sinne einer Arzneimittelprüfung angelegt.

Methode

Unter den Anforderungen eines prospektiven, doppelblind angelegten Therapieversuchs wurden 68 Patienten mit muskuloskelettalem Schmerzsyndrom bei degenerativen Wirbelsäulen- und Gelenkveränderungen nach vorher festgelegten Ein- und Ausschlußkriterien von den Hausärzten rekrutiert, über den Studienablauf informiert und anschließend entsprechend einem Randomisierungsverfahren in zwei Gruppen aufgeteilt.

Die klinische Prüfung fand unter ambulanten Bedingungen im Bayerischen Staatsbad in Bad Steben statt. Berufstätige Studienteilnehmer gingen weiter ihrer Arbeit nach. Zusätzliche physikalische oder medikamentöse Therapien waren nicht vorgesehen.

Eine Gruppe erhielt Vollbäder der radonhaltigen Tempelquelle mit einer Aktivitätskonzentration von 800 Bq/l, die andere Radon-Kohlensäure-Mischbäder, wobei das Wasser der Tempelquelle mit dem Wasser der Wiesenquelle, die einen CO_2-Gehalt von 2000mg/l aufweist, versetzt wurde, so daß letztlich jeweils halbe Quellenkonzentrationen vorlagen.

Beide Therapiegruppen erhielten 8 Vollbäder innerhalb von 3 Wochen. Mit einem Barcodekärtchen lösten die Patienten den entsprechend dem Code programmierten Zulauf des Badewassers aus. Die Badetemperatur betrug 36°C bei 20 min Badedauer. Damit der Perleffekt der Kohlensäure unbemerkt blieb, wurde das Badewasser jeweils mit Fichtennadelextrakt versetzt, welcher selbst inert ist und lediglich eine grüne Färbung verursacht. Nach dem Bade sollte eine Ruhephase von 30 min eingehalten werden.

Die Visiten erfolgten nach dem 3., 6. und 8. Bad sowie 2 und 4 Monate nach Ende der Bäderserie.

Hauptzielparameter für das Schmerzempfinden war der Minimaldruck zur Auslösung von Druckschmerz („Pressure Algometry", vgl. Fischer 1987) an 8 bilateralen typischen Schmerzpunkten und an einem individuell bestimmten maximal druckschmerzhaften Punkt. Zur objektiven Schmerzmessung wurde das Pressure Threshold Meter der Fa. Pain Diagnostics & Thermography verwendet. Die Messungen wurden vor Kurbeginn und zu jeder Visite wieder einzeln neu bestimmt und notiert.

Als Nebenzielparameter wurde die subjektive Schmerzintensität mit Hilfe einer visuellen Analogskala und die Schmerzhäufigkeit ebenfalls bei jeder Visite dokumentiert.
Außerdem wurde bei jeder Visite der Allgemeinzustand des Patienten, Herzfrequenz, Blutdruck, Muskeltonus und die Bewegungseinschränkung im am meisten schmerzhaften Gelenk oder Wirbelsäulenabschnitt erfaßt und beurteilt.
Zum Ende der Bäderserie gaben Patienten und Untersucher ein globales Urteil zur Wirksamkeit und Verträglichkeit der Bäder ab.

Ergebnisse und Bewertung

Während der Bäderkur besserten sich alle Parameter in beiden Gruppen mit einer etwas besseren Tendenz in der Gruppe der Patienten, die die höher konzentrierten Radonbäder erhalten hatten. Auch noch nach 2 und 4 Monaten ließ sich ein anhaltender schmerzlindernder Effekt in beiden Kollektiven nachweisen, der teilweise sogar noch im Zunehmen begriffen war, ohne daß zu einem Zeitpunkt statistisch signifikante Unterschiede zwischen beiden Gruppen nachweisbar waren.
Vergleicht man die Ergebnisse bei berufstätigen und nicht erwerbstätigen Patienten, so ergeben sich auch hier zwischen beiden Gruppen keine Unterschiede in der Wirksamkeit. Bei der Auswertung von Muskeltonus und Einschränkung im Bewegungsumfang ergaben sich jeweils leichte Tendenzen zum Besseren. Das Blutdruckverhalten zeigte im gesamten Untersuchungszeitraum keine wesentlichen Änderungen, während die Herzfrequenz in beiden Gruppen leicht absank, ein Effekt, der sowohl dem Radon als auch dem CO_2 zuzuschreiben sein könnte.

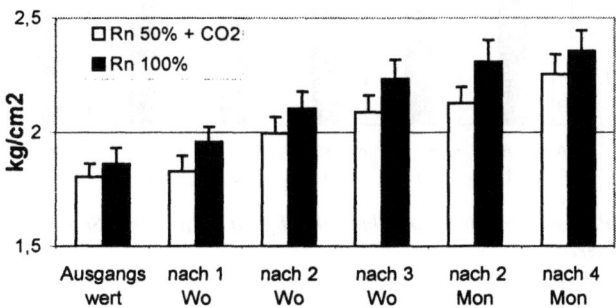

Abbildung 1: Verlauf der Algometrie-Ergebnisse der Mittelwerte der 8 bilateralen schmerzhaften Druckpunkte (Mittelwert, Standardabweichung)

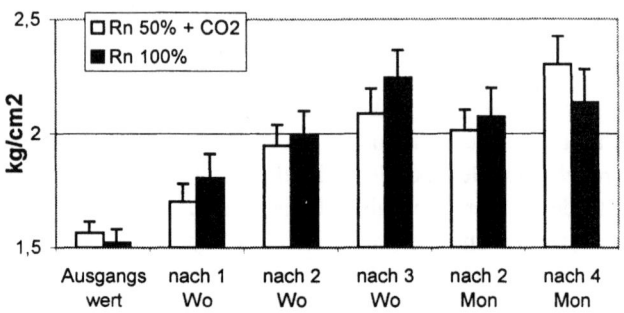

Abbildung 2: Verlauf der Algometrie-Ergebnisse der individuell bestimmten maximalen Schmerzpunkte (Mittelwert, Standardabweichung)

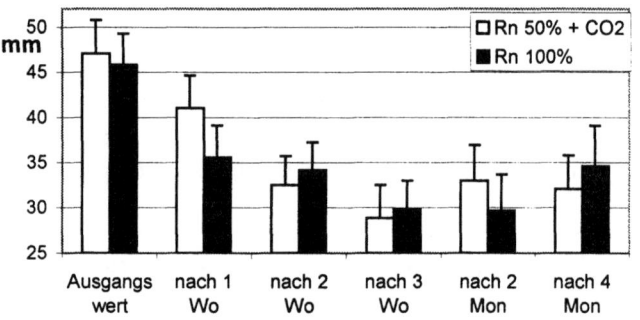

Abbildung 3: Verlauf der Ergebnisse der Schmerzbeurteilung anhand der visuellen Analogskala (Mittelwert, Standardabweichung)

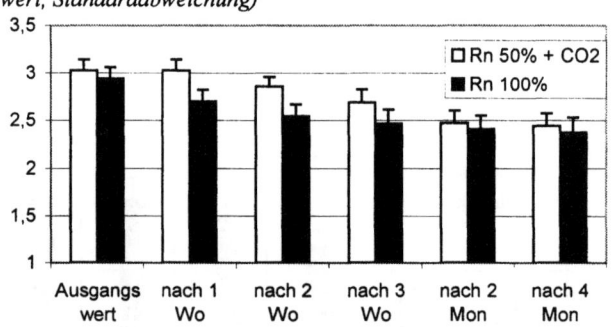

Abbildung 4: Patientenangaben zur Schmerzhäufigkeit (Mittelwert, Standardabweichung)
1 = keine Schmerzen
2 = nicht täglich
3 = täglich, aber nicht ständig
4 = ständig, jede Stunde

Wirkungsverstärkender Effekt von Radonbädern durch CO_2

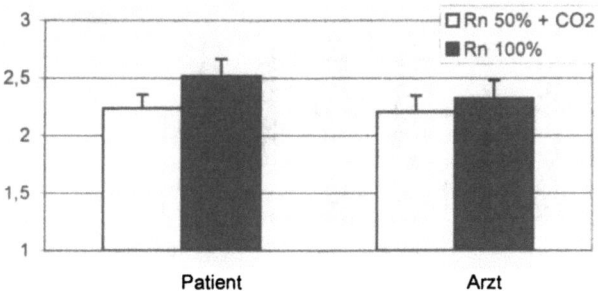

Abbildung 5: Wirksamkeit der Bäderserie in der Beurteilung durch Patient bzw. Arzt (Mittelwert, Standardabweichung)
1 = sehr gut
2 = gut
3 = mäßig
4 = schlecht

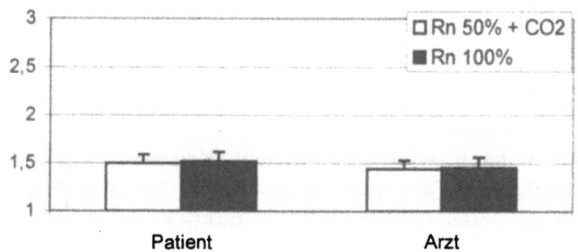

Abbildung 6: Verträglichkeit der Bäder in der Beurteilung durch Patient bzw. Arzt (Mittelwert, Standardabweichung)
1 = sehr gut
2 = gut
3 = mäßig
4 = schlecht

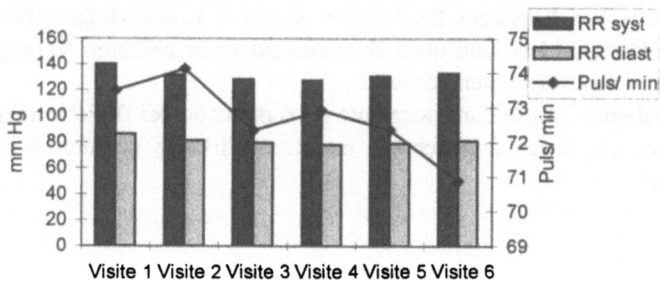

Abbildung 7: Blutdruck und Herzfrequenz im Verlauf der Behandlung in der in Radonwasser (50%) und CO_2 (50%) gebadeten Gruppe (Mittelwert, Standardabweichung)

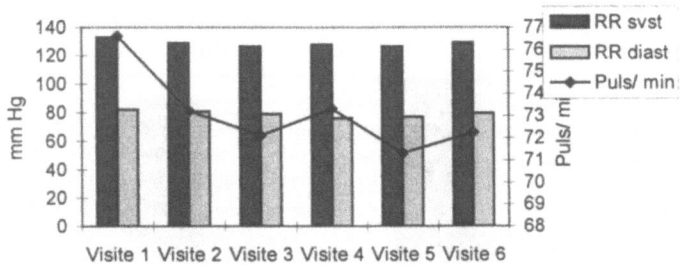

Abbildung 8: Blutdruck und Herzfrequenz im Verlauf der Behandlung in der in Radonwasser (100%) gebadeten Gruppe (Mittelwert, Standardabweichung)

Erstaunlicherweise wurden die Radon/CO_2-Mischbäder sowohl von den Patienten als auch vom Untersucher als etwas besser beurteilt. Eine mögliche Erklärung hierfür liegt in der „Mikromassagewirkung" der CO_2- Perlen.

Schlußfolgerungen

Im Rahmen einer nach wissenschaftlichen Kriterien durchgeführten Doppelblindstudie konnten im Anschluß an die Ergebnisse von Schlema 1992 und Bad Steben 1995 ein weiteres Mal stützende Befunde für die klinische und analgetische Wirksamkeit einer 3wöchigen Radonbäderbehandlung dargelegt werden. Aus der Tatsache, daß durch die wesentlich niedriger konzentrierten Mischbäder fast genau die gleiche Schmerzlinderung erzielt wird, muß geschlossen werden, daß bei den vorliegenden niedrigen Konzentrationen ein die Radonwirkung verstärkender Effekt der Kohlensäure vorherrscht.

Damit könnte man einerseits mit noch geringeren Strahlendosen in der Radonbalneologie auskommen, andererseits ergäben sich eventuell Möglichkeiten des therapeutischen Einsatzes bei kardiovaskulären Erkrankungen, bei kombinierten Krankheitsbildern und unter dem Aspekt einer besseren Verträglichkeit bei älteren und multimorbiden Patienten.

Hervorzuheben ist die durchweg gute Akzeptanz beider Bäderformen mit einer subjektiv als etwas angenehmer erlebten Wirkung bei den Radon/CO_2-Mischbädern.

Literatur

Bernatzky G, Graf AH, Saria A, Lettner H, Hofmann W, Adam H, Leiner G. Schmerzhemmende Wirkung einer Kurbehandlung bei Patienten mit Spondylarthritis ankylopoetika. In: Radon in der Kurortmedizin (Hrsg.: Pratzel HG, Deetjen P). I.S.M.H. Verlag, Geretsried (1997) 144-157

Fischer AA. Pressure algometry over normal muscles. Standard values, validity and reproducibility of pressure threshold. Pain 30 (1987) 115-126

Jöckel H. Praktische Erfahrungen mit der Radontherapie. In: Radon in der Kurortmedizin (Hrsg.: Pratzel HG, Deetjen P). I.S.M.H. Verlag, Geretsried (1997) 84-91

Komoto Y, Komoto T, Nakao M, Sunakawa M, Yorozu H. Tissue perfusion with a Radon bath in combination with CO_2. Phys. Med. Baln. Med. Klim. 17 (1988) 72-78

Morinaga H. Medical experiences in the Japanese Radon Spa Misasa. Phys. Med. Baln. Med. Klim. 17 (1988) 67-71

Seichert N. Zur Problematik der Radon-Balneotherapie. Phys. Rehab. Kur Med. 2 (1992) 157-160

Adresse: Frau P. Skorepa
Klinik Frankenwarte
Oberstebener Str. 20
D-95138 Bad Steben

Klinische Studien zur Wirksamkeit der Radonthermalstollen-Behandlung bei Morbus Bechterew

Falkenbach[1,2], N.J.G.B. Wolter[3], M. Herold[4]

[1] Kranken- und Kuranstalt Gasteiner Heilstollen, Böckstein, Österreich
[2] Forschungsinstitut Gastein-Tauernregion, Badgastein, Österreich
[3] GAK/GMD, Maastricht; Niederlande
[4] Universitätsklinik für Innere Medizin, Innsbruck, Österreich

Zusammenfassung

Nachdem sich der Gasteiner Heilstollen auf Grund der positiven Erfahrungen zum - hinsichtlich der Patientenzahl - weltweit größten Therapiezentrum zur Behandlung des Morbus Bechterew entwickelt hat, wurde in den vorliegenden Studien die Wirksamkeit der Therapie erneut evaluiert. Die Untersuchung der Beweglichkeit bei Patienten mit fortgeschrittenem Morbus Bechterew (Thoraxexkursion $\leq$ 3 cm) vor und nach der Heilstollenkur zeigte eine signifikante Besserung im HWS-Bereich, während die Befunde im LWS- und BWS-Bereich weitgehend unverändert blieben. Die subjektiven Parameter des Beschwerdeausmaßes bei Bechterew-Patienten in allen Krankheitsstadien besserten sich signifikant im Laufe der 3- bis 4-wöchigen Radonthermalstollen-behandlung. Die Serumkonzentrationen der Entzündungsparameter waren nach der Therapie tendenziell erniedrigt, wobei die BSG signifikant niedrigere Werte zeigte. Die Befragung langjähriger Heilstollen-Patienten verdeutlicht, daß eine Heilstollenbehandlung auch im akuten Schub der Bechterew-Erkrankung sinnvoll ist. Das Maximum der Beschwerdelinderung ist erst ein bis zwei Monate nach Beendigung der Kur zu erwarten. Die Besserung hält dann in der Regel für 6 bis 12 Monate an. Im Vergleich zu einem etablierten standardisierten Rehabilitationsprogramm zeigten sich in der retrospektiven subjektiven Einschätzung bei fast allen untersuchten Zielparametern signifikant bessere Ergebnisse nach der Heilstollenkur.

Einleitung

Die ortsgebundenen Heilmittel sehen sich in den vergangenen Jahren mit einer zunehmend kritischen Diskussion über Nutzen und Risiko der therapeutischen Anwendung konfrontiert. Kein anderes natürliches Heilmittel wird ähnlich kontrovers diskutiert wie das Edelgas Radon. Widersprüchliche Meinungen finden sich nicht allein in den Medien, sondern auch unter Epidemiologen, Strahlenbiologen und Medizinern. Dabei wird die öffentliche Diskussion leider viel zu häufig von Emotionen und nicht von Fakten bestimmt. Der Angst vor den oft zitierten möglichen negativen Folgen stehen die zum Teil euphorischen Bewertungen durch die Patienten gegenüber. In den nachfolgend angeführten klinischen Studien wurde die Wirksamkeit der Radonbehandlung im Gasteiner Heilstollen untersucht.

Die klinischen Erfahrungen mit der Radonbalneologie reichen in verschiedenen Kurorten zum Teil mehrere Jahrhunderte zurück. Das Wissen um die Wirkungen der Bäderbehandlung führte zur Festlegung von noch heute gültigen Indikationen, die sich an verschiedenen Orten auch unabhängig voneinander entwickelten (Deetjen 1992).

Klinisch am besten belegt ist die Wirksamkeit der Radontherapie zur Behandlung von Erkrankungen aus dem rheumatischen Formenkreis (Pratzel und Schnitzer 1992, Schoger und Kern 1962). Obwohl diese Beweise in der Literatur seit langem ausführlich dargestellt sind (z.B. Henn 1969), wurde in jüngster Zeit erneut die Frage der Effektivität aufgeworfen. Möglicherweise sind die leider noch immer weitgehend spekulativen Wirkmechanismen (z.B. Andrejew 1988) die Ursache für die kritische Einstellung vieler Ärzte, denen zudem während der Ausbildung die Angst vor jeglicher Art von Strahlen auch in niedriger Dosierung vermittelt wurde.

Eine besondere Form der Radontherapie ist die inhalative Radonbehandlung. Die älteren Berichte zu diesem Thema nennen als ortsgebundenes Therapiemittel vor allem den Gasteiner Heilstollen als wirksame Form der Behandlung. Als wichtigste Indikation hat sich über Jahrzehnte der Morbus Bechterew entwickelt. Die vorliegenden Arbeiten sollen unter kontrollierten Bedingungen die positiven Berichte der älteren Radonbalneologie erneut mit neueren Methoden unter Anwendung statistischer Analysen überprüfen. Dabei sind nicht die Wirkmechanismen der Heilstollenkur, sondern die klinische Effizienz das Thema der nachfolgend dargestellten Studien. Teile der vorliegenden Arbeit wurden bereits ausführlich veröffentlicht (Falkenbach und Wolter 1997, Falkenbach und Herold 1998).

Zur Evaluation der Wirksamkeit der inhalativen Radonbehandlung bei fortgeschrittenem Morbus Bechterew wurden 5 klinische Untersuchungen durchgeführt, die - nach einer Beschreibung der Thermalstollenbehandlung (Kapitel A) - in den nachfolgenden Kapiteln (B - F) einzeln wiedergegeben werden. Die jeweilige Fragestellung bezieht sich auf den Effekt der Heilstollenkur in bezug auf den genannten Zielparameter bzw. auf mögliche Unterschiede zu einer Vergleichstherapie. Die Methodik und Ergebnisse der einzelnen Untersuchungen werden in den jeweiligen Kapiteln besprochen. Die Ergebnisse werden zusammenfassend diskutiert und interpretiert.

A. Beschreibung der Thermalstollenkur
B. Kenngrößen der Beweglichkeit vor und nach der Heilstollenkur (n = 140)
C. Krankheitsaktivität im Kurverlauf (n = 271)
D. Spirometrie vor und nach der Heilstollenkur (n = 100)
E. Subjektive Erfahrungen von Patienten mit M. Bechterew, die 6 oder mehr Heilstollenkuren durchgeführt haben (n = 52)
F. Vergleich der Gasteiner Heilstollenkur mit einer standardisierten klinischen Rehabilitationsmaßnahme (n = 100)

A. Das Heilstollenklima und die Durchführung der Behandlung

Der in den 40er Jahren gegrabene Paselstollen führt etwa 2500 Meter in den Radhausberg in Badgastein-Böckstein. Ab ca. 1800 Meter kommt es zu einem deutlichen Anstieg von Temperatur und Luftfeuchtigkeit. Dieser Stollenabschnitt ist etwa 3 km oberhalb des Austritts der Badgasteiner Radon-Thermalquellen lokalisiert. Die radonhaltigen Dämpfe gelangen wahrscheinlich durch durchlässige Gesteinsschichten in den Stollenbereich und entfalten dort das typische Heilstollenklima (Pohl und Pohl-Rüling 1965). Dieses Klima ist gekennzeichnet durch eine hohe Luftfeuchtigkeit und eine hohe Temperatur, die beide in den höheren Stationen weiter ansteigen (Tabelle 1).

	Station I	Station 1A	Station II	Station III	Station IV
Temperatur (°C)	38	38,5	40,5	41	41,5
Rel. Luftfeuchte (%)	70	75	83	90	95

Tabelle 1: Das Klima im Gasteiner Heilstollen

Innerhalb des Stollenbereiches ist die Radonkonzentration in allen Stationen weitgehend gleich. Die Messungen ergaben einen Wert von bis zu 4,5 nCurie pro Liter Stollenluft.

Die übliche Heilstollenkur umfaßt 10 bis 12 Einfahrten innerhalb von 3 bis 4 Wochen. Nach ärztlicher Untersuchung und Abklärung der Belastbarkeit des einzelnen Patienten erfolgt die Einfahrt in einem "Stollenzug" bis zur Station I, bei nachfolgenden Einfahrten kann die Station langsam gesteigert werden, bis zu Station IV mit der höchsten Luftfeuchtigkeit und Temperatur. Der Aufenthalt im

Therapiebereich beträgt etwa 60 Minuten, von denen der Patient für etwa 45 Minuten auf einer Liege ruht (Abbildung 1).

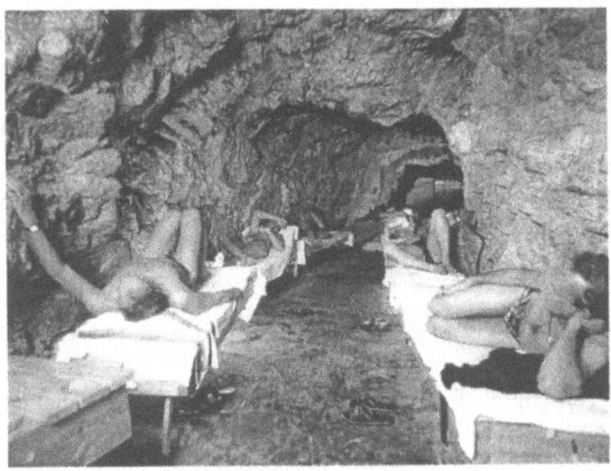

Abbildung 1: Therapiebereich im Radon-Thermalstollen

Nach der Ausfahrt wird eine zumindest 30-minütige Nachruhe empfohlen. Neben den Stollenbehandlungen führen die Patienten ergänzende Therapiemaßnahmen wie zum Beispiel Krankengymnastik und Massagen durch. Die ärztliche kurmedizinische Betreuung umfaßt eine Vor-, Zwischen- und Enduntersuchung. Die Einfahrten in den Heilstollen werden ebenfalls von einem Arzt begleitet.

B. Kenngrößen der Beweglichkeit vor und nach der Heilstollenkur

B.1. Patientenkollektiv und Methode

Bei 140 Patienten mit Morbus Bechterew wurden sowohl bei der Anfangs- als auch bei der Enduntersuchung die üblichen Kenngrößen der Beweglichkeit bestimmt. Es handelte sich um ausgewählte Patienten mit einem besonders schweren und langdauernden Morbus Bechterew. Als Einschlußkriterium wurde eine Thoraxexkursion von kleiner oder gleich 3 cm gefordert.

Die Patienten (116 Männer, 24 Frauen) waren 54,8 (± Std.-Abw. 10,1) Jahre alt. Sie führten im Mittel die 9,3. (±8,5.) Heilstollenkur durch. Die Dauer des M. Bechterew betrug 19 (±9,2) Jahre. Zu Beginn der Kur berichteten 99 Patienten über eine regelmäßige Einnahme von nicht-steroidalen Antirheumatika (NSAR),

3 Patienten nahmen oral Steroide ein. Die Heilstollenkur umfaßte im Mittel 9,9 (±1,4) Einfahrten und im Mittel wurde bis zu Station 2,9 (±1,15) gesteigert. Als Begleittherapien wurden Einzel- und Gruppengymnastik (44 Pat.), zusätzliche Radonbäder (6 Pat.), Unterwassertherapie (6 Pat.), Massage (71 Pat.) und Bewegungsbäder (67 Pat.) registriert.

Die BSG (1. Stunde) betrug im Mittel 17,7 (±15) mm n.W. Der CRP-Test (Latextest) war bei 77 Patienten positiv. Auf Befragen gaben 70 Patienten an, daß bei Ihnen ein positives HLA-B27 bekannt sei. Erfragt wurde zudem die frühere (maximale) Körpergröße von im Mittel 173,6 (±7,3) cm. Diese wurde mit der gemessenen Größe von 167,3 (±8,1) als Maß des Krankheitsverlaufs verglichen. Die eingeschränkte Thoraxexkursion (Einschlußkriterium) und die im Mittel um mehr als 6 cm verminderte Körpergröße verdeutlichen, daß es sich um Patienten mit einem fortgeschrittenen Morbus Bechterew handelte.

Sowohl bei der Erst- als auch bei der Abschlußuntersuchung wurden folgende Parameter gemessen:
- Kopf-Wand-Abstand
- Kinn-Jugulum-Abstand
- Kopfrotation nach rechts und nach links
- Thoraxexkursion
- Finger-Boden-Abstand
- Messung nach Ott (Dehnbarkeit im BWS-Bereich)
- Messung nach Schober (Dehnbarkeit im LWS-Bereich)

Zudem wurde die Druckschmerzhaftigkeit der Iliosakralgelenke untersucht und die Patienten nach ihrer subjektiven Beweglichkeit befragt. Die Untersuchungen vor und nach der Kur wurden in 69,2% der Fälle von demselben Arzt durchgeführt.

Die Werte der Anfangs- und Enduntersuchungen wurden mit Hilfe des Wilcoxon-Tests für paarige Stichproben auf signifikante Unterschiede analysiert.

B.2. Ergebnisse

Die Ergebnisse sind aus Tabelle 2 zu ersehen. Es zeigten sich signifikante Verbesserungen bei dem Kopf-Wand-Abstand, dem Ausmaß der Kopf-Rotation nach beiden Seiten (Rotation in der HWS) und der Thoraxexkursion bei maximaler Inspiration. Die Iliosakralgelenke waren zu Beginn der Kur in 24 Fällen, nach der Kur in 18 Fällen druckschmerzhaft.

Am Ende der Heilstollenkur fühlten sich 59,2% der Patienten besser beweglich als zu Anfang der Kur, 12,1% schlechter als zu Kuranfang. Die übrigen verspürten keinen Unterschied. In Subanalysen offenbarten sich keine Unterschiede zwischen krankengymnastisch behandelten und nicht behandelten Patienten. Auch das Erreichen einer wärmeren und feuchteren Station während des Kurverlaufs führte zu keinem besseren Ergebnis.

	vor	nach	
Kopf-Wand-Abstand (cm)	8,75 (8,56)	7,73 (8,21)	*
Kinn-Jugulum-Abstand (cm)	5,66 (3,15)	5,24 (3,12)	n.s.
Kopf-Rotation nach re (*)	38,34 (19,99)	44,99 (20,79)	*
Kopf-Rotation nach li (*)	39,19 (21,23)	44,14 (22,05)	*
Thoraxexkursion (cm)	1,87 (0,79)	2,32 (1,54)	*
Finger-Boden-Abstand (cm)	27,59 (14,00)	25,43 (13,79)	n.s.
Ott (cm)	30,79 (0,85)	30,84 (0,82)	n.s.
Schober (cm)	11,49 (2,08)	11,41 (1,19)	n.s.

* signifikanter Unterschied, $p < 0,05$

Tabelle 2: Meßergebnisse am Anfang (vor) und am Ende (nach) der Heilstollenkur, Mittelwert (Standardabweichung)

C. Krankheitsaktivität im Kurverlauf

C.1. Patienten und Methode

Nachdem eine Pilotstudie eine signifikante Reduktion von C-reaktivem Protein (CRP) im Laufe der Thermalstollenkur aufzeigte (Falkenbach et al. 1996), wurde diese Untersuchung der Entzündungsaktivität ausgeweitet. 271 Patienten mit Morbus Bechterew, die sich zu einer drei- bis vierwöchigen Heilstollenkur vorstellten, gaben ihr Einverständnis zur Teilnahme. Hiervon beendeten 261 die Studie entsprechend dem Protokoll: 201 Männer, 60 Frauen, im mittleren Alter von 53 Jahren, die seit (im Mittel) 25 Jahren unter den Symptomen des Morbus Bechterew litten.

Während des drei- bis vierwöchigen Aufenthalts in Gastein erfolgten 9 bis 12 Thermalstollenbehandlungen. Vor der ersten Therapie (I), vor der 5. oder 6. Einfahrt (II) sowie vor der 9. bis 12. Einfahrt (III) wurden die Patienten untersucht. Mit einem flexiblen Maßband bzw. einem Winkelmesser wurden die Parameter der Beweglichkeit (wie in B) gemessen und peripher-venöses Blut entnommen. Die BSG wurde nach Westergren bestimmt. Zudem wurde das Blut zentrifugiert und bei -18°C bis zur weiteren Verarbeitung eingefroren. In einer

Meßreihe wurden später CRP (Turbimetrie, Orion, Espoo, Finnland) und IL-6 (ELISA, CLB, Amsterdam, Niederlande) gemessen.

A:
in der vergangenen Woche nachts wegen Bechterew-Beschwerden aufgewacht?

Antwort:	nein	ja in 1 2 3 4 5 6 Nächten	in jeder Nacht	mehrmals pro Nacht
Score:	0	1 2 3 4 5 6	7	8

B:
in der vergangenen Woche nachts wegen Bechterew-Beschwerden aufgestanden?

Antwort:	nein	ja in 1 2 3 4 5 6 Nächten	in jeder Nacht	mehrmals pro Nacht
Score:	0	1 2 3 4 5 6	7	8

C:
nach dem morgendlichen Aufstehen waren die Bechterew-Beschwerden

Antwort:	unerträglich	schwer	mäßig	gering	keine
Score:	1	2	3	4	5

D:
das Gehen auf ebener Strecke war

Antwort:	unmöglich	schlecht	eingeschränkt	gut	sehr gut
Score:	1	2	3	4	5

E:
die Beweglichkeit des Kopfes war

Antwort:	unmöglich	schlecht	eingeschränkt	gut	sehr gut
Score:	1	2	3	4	5

Tabelle 3: Standardisierter Fragebogen zur quantitativen Erfassung des Beschwerdeausmaßes

Außerdem wurden die Patienten zu allen Untersuchungsterminen aufgefordert, einen selbst entwickelten standardisierten Fragebogen (Tabelle 3) zur Quantifizierung ihrer Beschwerden (bezogen auf die vorangegangene Woche) zu beantworten. Die Scores wurden für die Auswertung herangezogen.

Die Ergebnisse der Untersuchung I, II und III werden als Mittelwert (SEM) wiedergegeben. Unterschiede zwischen den Untersuchungen I und II bzw. I und

III (intraindividueller Vergleich) wurden mittels Wilcoxon-Test für Paardifferenzen auf Signifikanz überprüft.

C.2. Ergebnisse

Die BSG zeigte in den Untersuchungen II und III eine signifikante Erniedrigung im Vergleich zu dem Ausgangswert. CRP war ebenfalls deutlich erniedrigt, ohne jedoch das Signifikanzniveau zu erreichen. IL-6 war weitgehend unverändert. Alle Meßwerte der Beweglichkeit waren bei Kurende (III) signifikant verbessert (Tabelle 4), ebenso die Scores zur Quantifizierung des Beschwerdeausmaßes (Tabelle 5).

Mittelwert (SEM)	I	II	III
BSG (h^{-1})	12,6 (0,75)	12,0 (0,72)*	11,9 (0,71)**
CRP (mg/l)	7,83 (1,01)	7,14 (0,73)	6,74 (0,67
IL-6 (pg/ml)	4,35 (0,25)	4,41 (0,27)	4,39 (0,28
Kopf-Wand-Abstand (cm)	7,04 (0,54)	6,48 (0,5)**	6,27 (0,52)**
Kinn-Jugulum-Abstand (cm)	4,51 (0,16)	4,49 (0,19)	4,22 (0,17)**
Kopf-Rotation, re+li (°)	90,2 (2,69)	95,6 (2,74)**	98,3 (2,85**
Thoraxexkursion (cm)	3,3 (0,11)	3,68 (0,2)**	3,67 (0,13)**
Finger-Boden-Abstand (cm)	23,4 (0,99)	22,4 (0,96)**	21,8 (0,96)**
Ott (cm)	31 (0,13)	31,2 (0,07)**	31,2 (0,06)**
Schober (cm)	12,3 (0.09)	12,3 (0,09)	12,4 (0,1)**

Tabelle 4: Entzündungsparameter und Beweglichkeit im Kurverlauf von Patienten mit Morbus Bechterew, *$p < 0,05$; **$p < 0,01$

Mittelwert (SEM)	I	II	III
Frage A (Score)	2,61 (0,21)	2,21 (0,2)*	1,49 (0,16)**
Frage B (Score)	1,48 (0,17)	0,98 (0,14)**	0,74 (0,12)**
Frage C (Score)	3,54 (0,06)	3,69 (0,06)**	3,95 (0,05)**
Frage D (Score)	3,84 (0,05)	3,92 (0,05)	3,95 (0,05)*
Frage E (Score)	3,12 (0,06)	3,26 (0,06)**	3,38 (0,06)**

Tabelle 5: Ergebnisse der Fragebogen zur Erfassung des subjektiven Beschwerdeausmaßes *$p < 0,05$; **$p < 0,01$

D. Spirometrie vor und nach der Heilstollenkur

D.1. Patientenkollektiv und Methode

Bei 100 sukzessiven Patienten mit ausgeprägtem Morbus Bechterew (Einschlußkriterium: Thoraxexkursion kleiner oder gleich 3 cm) wurde am Anfang und am Ende der Heilstollenkur eine spirometrische Analyse der Lungenfunktion durchgeführt. In die Auswertung wurde der jeweils beste von zwei Tests einbezogen.

Die Patienten (83 Männer, 17 Frauen) waren im Mittel 55,6 (±10) Jahre alt und litten seit 19 (±9) Jahren unter dem M. Bechterew. 71 der Patienten nahmen regelmäßig NSAR, 2 Patienten orale Glucocorticoide. Im Mittel wurden 10 (±1,2) Einfahrten während der Kur durchgeführt. Als Zusatztherapien kamen Gymnastik (46 Pat.), Radonbäder (3 Pat.), Massage (49 Pat.) und Bewegungsbäder (43 Pat.) zur Anwendung. Die BSG dieser Patienten betrug zu Beginn der Kur 18 (±15,8) mm n.W., CRP war im Latextest bei 55 % positiv. 18 Patienten gaben an, regelmäßig zu rauchen.

Die Spirometrie wurde in sitzender Position durchgeführt. Die Untersuchung zur gleichen Tageszeit wurde angestrebt. Gemessen wurden die üblichen Lungenfunktionsparameter VC, FVC, FEV1, PEFR, MEF 25, MEF 50, MEF 75.

D.2. Ergebnisse

Die Meßergebnisse in % des Sollwertes sind aus Tabelle 6 ersichtlich. Es zeigten sich im paarigen Wilcoxon-Test keine signifikanten Unterschiede.

Meßergebnisse

[% des Sollwertes]	vor	nach	
VC	75,12 (13,46)	75,40 (13,57)	n.s.
FVC	72,20 (14,87)	74,05 (14,43)	n.s.
FEV1	74,37 (16,10)	76,28 (16,52)	n.s.
PEFR	69,69 (22,47)	71,01 (21,28)	n.s.
MEF 25	70,71 (24,23)	72,52 (23,00)	n.s.
MEF 50	67,08 (26,37)	66,71 (25,48)	n.s.
MEF 75	65,30 (30,99)	64,86 (24,70)	n.s.

Tabelle 6: Spirometrie-Meßwerte (Mittelwert und Standardabweichung) am Anfang (vor) und am Ende (nach) der Heilstollenkur

E. Subjektive Erfahrungen von Patienten mit zumindest sechs Heilstollenkuren

E.1. Patientenkollektiv und Methode

In den ersten 3 Wochen des März 1995 wurden alle Bechterew-Patienten, die sich zur zumindest sechsten Heilstollenkur vorstellten nach Ihren Erfahrungen aus den früheren Behandlungen befragt. Dies erfolgte durch einen Arzt der Krankenanstalt mit Hilfe eines standardisierten Fragebogens. Ingesamt wurden 52 Patienten in die Studie eingeschlossen.

Die Patienten (41 Männer, 11 Frauen) waren im Mittel 55 (±6) Jahre alt und litten seit 25 (±5) Jahren unter den Beschwerden des M. Bechterew. In 18 Fällen wurde eine positive Familienanamnese angegeben. HLA-B27 war anamnestisch bei 40 Patienten positiv und bei 7 negativ, während 5 Patienten keine Angaben machen konnten.

24 Patienten litten neben den Beschwerden im Bereich der Wirbelsäule auch unter einer Beteiligung der peripheren Gelenke. Im Mittel wurde die 13. (±3.) Heilstollenkur absolviert. 9 Patienten müssen die Kosten immer selbst übernehmen, bei 12 Patienten zahlt die Kranken- oder Rentenversicherung manchmal, bei 31 immer die Kosten. 42 Patienten führten während der Kur zusätzlich eine krankengymnastische Behandlung durch, 29 Patienten wurden während aller vorangegangenen Kuren zudem auch massiert. Die Fragen bezogen sich auf die allgemeinen Erfahrungen mit den vorangegangenen Kuren. Die erfragten Aspekte sind aus der Ergebnisdarstellung ersichtlich.

E.2. Ergebnisse

24 Patienten berichteten, daß sie zumindest eine der früheren Kuren während eines Krankheitsschubes mit hoher Aktivität des Morbus Bechterew begonnen hatten. Bei 23 dieser Patienten führte die Heilstollenbehandlung zu einer Besserung der Beschwerden, bei einem Patienten wurden die Beschwerden noch verstärkt. Die übrigen Patienten hatten nie eine Kur während eines Schubes begonnen.

Von einer Verstärkung der Beschwerden während der Therapiephase bei allen vorangegangenen Heilstollenkuren berichteten 20 Patienten, bei einem Teil der Kuren 17 Patienten. Die übrigen 15 Patienten hatten während der Heilstollenkuren niemals eine Verstärkung der Beschwerden erlebt.

Das Maximum der Beschwerdelinderung trat in der Regel nicht während, sondern erst nach der Heilstollenkur auf. Diese Beschwerdelinderung hielt bei der Mehrzahl der Patienten für etwa 6 Monate an. Die berichteten Zeitspannen bis zur Beschwerdelinderung bzw. die Dauer der Beschwerdelinderung sind in

Abbildung 2 und Abbildung 3 dargestellt. 47 der befragten Patienten gaben an, daß sie den Medikamentenverbrauch nach der Heilstollenkur immer senken konnten, 5 Patienten konnten die Medikamente nicht reduzieren.

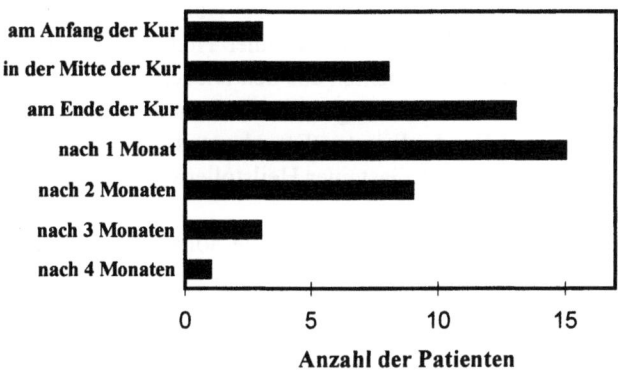

Abbildung 2: Zeitpunkt der subjektiv erlebten (deutlichen) Besserung

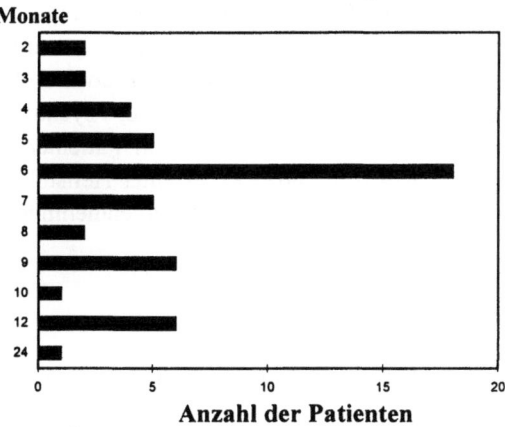

Abbildung 3: Dauer der Beschwerdelinderung

F. Heilstollenkur im Vergleich zu einer standardisierten Rehabilitationsmaßnahme

F.1. Patientenkollektiv und Methode

Diese Studie wurde ausschließlich bei Patienten aus Holland durchgeführt. Aus dem Archiv der Kranken- und Kuranstalt Gasteiner Heilstollen wurden (ohne Vorauswahl) die Adressen von 50 Patienten aus den Niederlanden gesichtet. Die Patienten wurden von einem Versicherungsarzt aus Holland angeschrieben und um die Beantwortung eines standardisierten Fragebogens gebeten. Ein Begleitschreiben des ärztlichen Leiters des Gasteiner Heilstollens mit der Bitte um Kooperation wurde ebenfalls übersandt.

Als Vergleichsgruppe dienten 50 unausgewählte holländische Patienten mit Morbus Bechterew, die in einem anerkannten (die Kosten werden von der Krankenversicherung übernommen) Rehabilitationscentrum in Holland (RCH) behandelt worden waren. Mit den gleichen beiden Begleitschreiben wurden die Patienten zum Ausfüllen des Fragebogens aufgefordert. Die Fragen waren für beide Gruppen dieselben, mit der Ausnahme, daß der Name der Krankenanstalt geändert war. Die einzelnen Fragestellungen sind (in deutscher Übersetzung) aus der Ergebnisdarstellung ersichtlich.

Die Behandlung im RCH erfolgt nach Überweisung durch einen Rheumatologen in der ersten Phase unter stationären, in der zweiten Phase unter ambulanten Bedingungen mit einer Gesamtdauer von etwa 6 Wochen. Die Therapie umfaßt die üblichen Behandlungen durch Ärzte, Psychologen, Physiotherapeuten und Ergotherapeuten unter Einschluß von Patientenschulungen. Ein Vergleich der Behandlungen während der Gasteiner Heilstollenkur und dem Rehabilitationsprogramm in Holland ist Tabelle 7 zu entnehmen.

F.2. Ergebnisse

36 der 50 Patienten der Heilstollengruppe schickten den beantworteten Fragebogen zurück, 34 der 50 Patienten aus dem RCH. Die Erfassung möglicher störender Variablen wurde angestrebt. Die Erhebung ergab keine signifikanten Unterschiede zwischen den Gruppen in bezug auf Geschlecht, Stand (ledig/verheiratet/geschieden), Beschäftigungsverhältnis, Begleiterkrankungen, medikamentöse Therapie und Physiotherapie am Wohnort. Unterschiede zeigten sich beim Alter (Gasteiner Gruppe im Mittel 49 Jahre, RCH-Gruppe 38 Jahre), bei der Ausbildung (Gasteiner Gruppe 8 Patienten mit Hochschulabschluß, RCH-Gruppe 1 Patient) und in bezug auf spezielle Schutzmaßnahmen am Arbeits-

platz, zum Beispiel angepaßte Möbel etc. (Gasteiner Gruppe 12 Patienten, RCH-Gruppe 3 Patienten).
Die Ergebnisse der spezifischen Fragen (Zielkritierien) sind den Tabellen 8 und 9 zu entnehmen. Das Andauern von positiven Effekten der jeweiligen Behandlung war in beiden Gruppen gleich und betrug im Mittel 6 Monate.

GASTEIN	RCH
Ärztliche Untersuchung durch Kurarzt	Ärztliche Untersuchung durch Arzt des Rehabilitationszentrums
Labordiagnostik sofern notwendig	idem
Physiotherapie	idem
Heilstollenbehandlung	-
-	Psychologische und arbeitsmed. Beratung
Bewegungsbad	idem
-	Ergotherapie
Dauer im Mittel 3 Wochen	Dauer im Mittel 6 Wochen
Bergwandern, Skilanglauf, etc. (Pat. selbst)	Konditionstraining unter Anleitung

Tabelle 7: Gasteiner Heilstollenkur und Rehabilitationsprogramm des RCH im Vergleich

	Gastein	RCH	
Positive Einschätzung hinsichtlich	% der Patienten		
Zunahme der Beweglichkeit	92	62	$p < 0,05$
Weniger Morgensteifigkeit	86	44	$p < 0,05$
Medikamenten-Reduktion	75	35	$p < 0,05$
Weniger Müdigkeit	89	44	$p < 0,05$
Weniger Fehltage	81	32	$p < 0,05$

Tabelle 8: Subjektive Einschätzung in bezug auf die Zeit nach den jeweiligen Behandlungsmaßnahmen

Wie ist die Belastbarkeit nach der Heilstollenkur bzw. Behandlung im RCH in bezug auf

	GASTEINER HEILSTOLLEN			RCH		
	besser	unverändert	schlechter	besser	unverändert	schlechter
Sitzen	61	39	0	24	62	14
Stehen	64	36	0	20	56	24
Laufen	83	14	3	38	38	24
Joggen	69	28	3	32	44	24
Bücken	75	22	3	26	48	26
Heben	44	53	3	26	44	30
Tragen	50	47	3	29	38	33
Recken	67	30	3	24	50	26

(signifikant bessere Ergebnisse im x^2-Test bei allen Parametern in der Gasteiner Gruppe)

Tabelle 9: Subjektive Belastbarkeit nach der Behandlung

Zusammenfassende Diskussion

Die Untersuchungen der Beweglichkeit (Abschnitt B) verdeutlichen, daß selbst bei einer fortgeschrittenen Bechterew-Erkrankung eine Besserung erreicht werden kann. Ein therapeutischer Nihilismus bei "ausgebranntem" Bechterew ist somit sicherlich nicht angebracht. Die unveränderten Werte für den Finger-Boden-Abstand, Schober- und Ott-Zeichen zeigen zwar, daß bei versteifter unterer Wirbelsäule eine Steigerung der Flexibilität, wie zu erwarten, nicht erreicht werden kann. Deutliche Verbesserungen lassen sich aber insbesondere im Bereich der HWS erreichen. Die signifikante Erhöhung der Rotationsfähigkeit des Kopfes bestätigt die Erfahrungen mit Bechterew-Patienten, die zumeist angeben, daß sie sich im Schulter-Nacken-Bereich am Ende einer Heilstollenkur "freier" fühlen. Entscheidend für die Besserung ist bei fehlendem Unterschied zwischen physiotherapeutisch behandelten und nicht behandelten Patienten offenbar nicht die Krankengymnastik, sondern die Heilstollenbehandlung selbst. Die im Laufe der Kur maximal erreichte Station (mit höherer Temperatur und Luftfeuchtigkeit) spielt angesichts nicht signifikanter Unterschiede ebenfalls nur eine untergeordnete Rolle. Die schmerzreduzierende Wirkung des Radons, die in jüngerer Zeit nach Radonbädern erneut nachgewiesen wurde (Callies 1987, Pratzel et al. 1993), dürfte für die bessere Beweglichkeit verantwortlich sein.

Bei unausgewählten Bechterew-Patienten in allen Krankheitsstadien waren signifikante Besserungen der Beweglichkeit bei allen gemessenen Parametern nachweisbar. Das CRP war nach der Kurbehandlung im Mittelwert deutlich erniedrigt, ohne jedoch das Signifikanzniveau zu erreichen. Hierbei ist daran zu erinnern, daß es derzeit noch immer keinen allseits befriedigenden Laborparameter zur Erfassung der Krankheitsaktivität des Morbus Bechterew gibt. In prospektiven Längsschnittuntersuchungen korrelieren die Veränderungen klinischer Merkmale nicht mit den Veränderungen der Labormeßwerte, so daß sie nur unbefriedigend die Krankheitsaktivität widerspiegeln. CRP und IL-6 konnten bisher nicht ihre Überlegenheit gegenüber der BSG nachweisen. Die BSG war nach der Heilstollenkur signifikant niedriger als die Ausgangswerte. Zusammenfassend zeigen sich bei den Laborparametern nach der Radonthermalstollen-Therapie Hinweise auf eine geringere Entzündungsaktivität, ohne daß die klinische Relevanz dieser Veränderungen eindeutig geklärt wäre. Die subjektiven Beschwerden besserten sich im Kurverlauf signifikant.

Die Untersuchungen der Lungenfunktionsparameter (Abschnitt D) zeigten keine signifikanten Veränderungen auf. Da Patienten mit Morbus Bechterew vor allem durch die Zwerchfellbewegung die Atemfunktion aufrechterhalten, kann die inhalative Radonbehandlung bei diesem Kollektiv nicht die Erfolge erzielen, die bei obstruktiven Lungenerkrankungen nachgewiesen worden waren. Selbst eine Besserung der Thoraxexkursion manifestiert sich dann nicht in einer signifikanten Zunahme der Vitalkapazität.

Die Befragungen der "erfahrenen" Heilstollenpatienten (Abschnitt E) bedeutet sicherlich eine Präselektion. Nur die Patienten mit positiven Erfahrungen und subjektiv erlebtem Benefit führen wiederholte Thermalstollenkuren durch. Da lediglich Patienten in die Studie aufgenommen wurden, die sich zur zumindest 6. Heilstollenkur vorstellten, muß dieser Umstand bei der Wertung der Ergebnisse sicherlich beachtet werden. Ziel dieser Studie war es jedoch auch nicht, den Benefit einer Heilstollenbehandlung zu belegen, sondern aus den zeitlichen Veränderungen des Beschwerdebildes Erkenntnisse über den Verlauf der klinischen Besserung zu erzielen.

Die "Lehrmeinung" besagt, daß in einem akuten Schub einer entzündlichrheumatischen Erkrankung Kurmaßnahmen nicht sinnvoll sind. Dennoch berichteten 24 Patienten, daß sie während eines akuten Schubes in der Vergangenheit zumindest einmal eine Heilstollenkur begonnen hatten. 23 der 24 Patienten gaben an, daß sie durch die Kurmaßnahmen eine deutliche Besserung ihrer Beschwerden erfahren konnten. Die rasche Schmerzlinderung und wiedergewonnene Beweglichkeit bei einem Schub des Morbus Bechterew ist somit nicht die Ausnahme, sondern sogar eine wahrscheinlich Chance, die den Patienten nicht vorenthalten werden sollte. Eine generelle Ablehnung kurmedizinischer Behandlungen bei akuten Krankheitsbildern läßt sich nach den vorliegenden Ergebnissen nicht mehr vertreten. Selbstverständlich muß die begleitende medikamentöse Therapie dem jeweiligen Krankheitsbild ebenfalls angepaßt werden.

Unabhängig von der Ausgangslage berichten 71% der Patienten, daß sie während der Heilstollenkur regelhaft eine Verstärkung der Wirbelsäulen- und Gelenkbeschwerden erleben. Die Zunahme der Krankheitsaktivität tritt typischerweise nach der 3. oder 4. Einfahrt auf, d.h. am Anfang der zweiten Kurwoche. Ähnliche Ergebnisse beschrieb auch Günther (1967) bei Badgasteiner Kurpatienten mit entzündlichem Rheumatismus. Die Erfahrungen zeigen, daß diese Beschwerdeverstärkung in der zweiten Kurwoche von den Patienten zumeist nicht als unangenehm empfunden werden, sondern unter dem in Patientenkreisen gängigen Namen des "Reaktionsschmerzes" als hoffnungsvoller Hinweis auf eine baldige Besserung gerne akzeptiert wird. Vegetative Störungen, die bei anderen Heilbehandlungen während der sogenannten Kurkrise auftreten (Hildebrandt 1985), sind bei Bechterew-Patienten im Rahmen der Heilstollenbehandlung nur äußerst selten zu beobachten. Die von Heiner (1939) berichtete ausgeprägte Spätreaktion 6 bis 8 Wochen nach Radonkuren können nach den vorliegenden Daten nicht bestätigt werden.

Das Maximum der Beschwerdelinderung ist nicht während des Kuraufenthaltes, sondern erst nach Rückkehr an den Wohnort, insbesondere 1 bis 2 Monate später, zu erwarten. Diese Ergebnisse belegen nochmals die älteren Erkenntnisse der Kurortmedizin, daß eine abschließende Überprüfung des Kurerfolgs nicht am Ende einer Kurbehandlung vorgenommen werden kann, sondern die nachfolgenden Monate unbedingt mit einschließen muß. Die Besserung der Beschwerden hält in der Regel zwischen 6 und 12 Monaten an. Die Empfehlungen für Bechterew-Patienten, die Heilstollenkur einmal pro Jahr durchzuführen, findet durch diese Befunde ihre Bestätigung. Für einzelne Patienten ist eine Anwendung zweimal pro Jahr zu diskutieren. Da 90% der Patienten angaben, die Medikamente nach der Heilstollenkur reduzieren zu können, sind Kosteneinsparungen durchaus zu erwarten und müssen bei den sozioökonomischen Diskussionen Berücksichtigung finden.

Kritiker der bisher diskutierten Befunde werden zu Recht die fehlenden Kontrollgruppen und -behandlungen anmerken. Erfreulicherweise hat die Kurortmedizin in den vergangenen Jahren aufgehört, sich für dieses Manko ständig zu entschuldigen. Eine solche Forderung ist auch im Falle der Heilstollenbehandlung nicht zu erfüllen. Die ausgeprägten psychischen Wirkungen der Heilstollenbehandlung wurden eindeutig nachgewiesen (Falkenbach et al. 1997) und sind in der komplexen Heilstollenkur auch durchaus positiv zu werten. Der (immer unzulängliche) Versuch, alle Plazeboeffekte auszuschalten, würde eine Therapieform zur Folge haben, die der Realität nicht entspricht. Die vorliegenden Studien wollen jedoch bewußt die Effekte der tatsächlich praktizierten Gasteiner Heilstollenkur überprüfen und nicht Artefakte untersuchen. Da somit die plazebo-kontrollierte Doppelblindstudie zur Überprüfung der Effekte nicht zur Verfügung steht, muß die komplexe Heilstollenkur mit ähnlich komplexen Behandlungsmaßnahmen verglichen werden. Dafür bietet sich ein allgemein anerkanntes standardisiertes Rehabilitationsprogramm an. In einer früheren Studie mit Patientinnen, die an einer Rheumatoiden Arthritis litten, zeigten sich bei verschiedenen untersuchten Parametern Vorteile der Gasteiner Radonbehandlung gegenüber einer Therapie in einem ambulanten Rehabilitationszentrum (Steiner et al. 1979). Die entsprechenden Vergleichsuntersuchungen wurden in der vorliegenden Studie an holländischen Patienten mit Morbus Bechterew durchgeführt. Die subjektive Bewertung der Patienten zeigte signifikant bessere Ergebnisse nach der Gasteiner Heilstollenkur im Vergleich zu dem Standardrehabilitationsprogramm bei fast allen Zielparametern.

Sicherlich unterliegt diese Aussage verschiedenen Einschränkungen. Es wurde versucht, mögliche Störvariablen zu erfassen. Die Kostenübernahme der Rehabilitationsmaßnahme in Holland durch die Krankenversicherungen steht den Bedingungen der Gasteiner Heilstollenkur gegenüber, die die Patienten selbst bezahlen müssen. Diese Störgröße dürfte jedoch keine große Rolle spielen, denn in einer Folgestudie haben sich Patienten mit bzw. ohne Zusage der Kostenübernahme als ähnlich krank erwiesen, „Kassenpatienten" waren nicht gesünder als „Selbstzahler" (Falkenbach et al. 1998). Somit erlauben die um vieles besseren Ergebnisse der Heilstollenkur die Schlußfolgerung einer größeren Effektivität der Radonthermalbehandlung. Eine prospektive Studie zur Überprüfung dieser Conclusio ist geplant. Die Ergebnisse der vorliegenden Untersuchungen belegen die Effizienz und Effektivität der Gasteiner Thermalstollenkur zur Behandlung des Morbus Bechterew, der die sicherste Indikation der Heilstollentherapie darstellt. Bei sehr guter Verträglichkeit (Falkenbach et al. 1996) und einer "Zwischenfall"-Rate (minor events) von weniger als 0,3% (zumeist orthostatische Dysregulation) ist von einer erfreulichen Benefit/Risk-Ratio auszugehen. Angesichts unbefriedigender und nebenwirkungsreicher medikamentöser Behandlungsmöglichkeiten des Morbus Bechterew kann nach den erhobenen Befunden, die die jahrzehntelangen Erfahrungen (mit derzeit etwa 2.800 Bechterew-Patienten pro Jahr) bestätigen, die Heilstollenkur als sehr sinnvolle Therapie nach der Diagnosestellung bezeichnet werden.

Zur weiteren Sicherung dieser Aussage sind prospektive Longitudinalstudien und weitere Vergleichsuntersuchungen zu anderen etablierten Therapieverfahren notwendig und sinnvoll. Die Versicherungsträger sollten an solchen Untersuchungen interessiert sein, da sich durch die Heilstollenkur -auch bei Übernahme der entstehenden Kosten- langfristig eine Kosteneinsparung abzeichnet, so daß neben dem Benefit für den Patienten auch ein Nutzen für die Sozialökonomie zu erwarten ist.

Literatur

Andrejew SV. Über einen möglichen Wirkungsmechanismus der Thermalstollenbehandlung in Böckstein (Österreich). Z. Phys. Med. Baln. Med. Klim., Sonderheft 1 (1988) 54-58

Callies R. Vergleichstherapie physikalisch unterschiedlicher Mittel (Ultraschall, Kurzwelle, Gleichstrom, Moorbad, Radonbad, Schwefelbad) bei Patienten mit Rheumatoid Arthritis oder Spondylitis ankylosans. Zeitschr. Physiother. 37 (1987) 135-139

Deetjen P. Radon-Balneotherapie - neue Aspekte. Phys. Rehab. Kur Med. 2 (1992) 100-103

Falkenbach A, Egghart B, Zelger G, Griessmayer H. Trockensauna, Momotherm und Thermalstollenbehandlung: Immediateffekte überwärmender Luftimmersionstherapien auf die Befindlichkeit. Thermol. Österr. 7 (1997) 18-24

Falkenbach A, Gütl S, Werny F, Herold M. Radon exposure in the Gasteiner Heilstollen: decreased C-reactive protein in ankylosing spondylitis. Rheumatol. Eur. 25, Suppl. 1 (1996) 99

Falkenbach A, Herold M. In ankylosing spondylitis serum interleukin-6 correlates with the degree of mobility restriction, but not with short-term changes in the variables. Rheumatol. Int. 18 (1998) 103-106

Falkenbach A, Höller R, Barth H. Heilstollenkur bei geriatrischen Patienten (SK). Rehabilitácia 29 (1996) 51-52

Falkenbach A, Tripathi R, Gütl S. Vor Radonspeläotherapie bei Morbus Bechterew: Parameter der Beweglichkeit bei „Selbstzahlern" bzw. „Kassenpatienten". Österr. Z. Phys. Med. Rehabil. 8 (1998) 182-183

Falkenbach A, Wolter NJGB. Radonthermalstollen-Kur zur Behandlung des Morbus Bechterew. Forsch. Komplementärmed. 5 (1997) 277-283

Günther R. Unterschiede in der Anpassung von Arthritis- und Arthrosekranken während Kurheilverfahren. Arch. Phys. Ther. (Leipzig) 17 (1967) 117-127

Heiner M. St. Joachimsthal unter den Radiumbädern Großdeutschlands. Münch. Med. Wschr. (1939) 400-401

Henn O. Die Stollenbehandlung des Morbus Bechterew. In: Scheminsky F. (Hrsg.): Der Thermalstollen von Badgastein-Böckstein. Tyrolia, Innsbruck (1969) 413-439

Hildebrandt G. Die Kur: Kurverlauf, Reaktionsstruktur und Kureffekt. In: Amelung W, Hildebrandt G (Hrsg.): Balneologie und medizinische Klimatologie (Band 1): Therapeutische Physiologie, Grundlagen der Kurortbehandlung. Springer, Heidelberg (1985) 109-215

Pohl E, Pohl-Rüling J. Physikalische und physikalisch-radiologische Messungen im Thermalstollen. In: Scheminsky F. (Hrsg.): Der Thermalstollen von Badgastein-Böckstein. Tyrolia, Innsbruck (1965) 137-160

Pratzel HG, Legler B, Aurand K, Baumann K, Franke Th. Wirksamkeitsnachweis von Radonbädern im Rahmen einer kurortmedizinischen Behandlung des zervikalen Schmerzsyndroms. Phys. Rehab. Kur Med. 3 (1993) 76-82

Pratzel HG, Schnizer W. Handbuch der medizinischen Bäder, 7.26 Radon-Bäder. Haug, Heidelberg (1992) pp.125-129

Schoger GA, Kern H. Radium- bzw. Radonbalneologie. In: Handbuch für Bäder- und Klimaheilkunde (Hrsg.: Amelung W, Evers A.), Schattauer, Stuttgart (1962) 448-459

Steiner FJF, Valkenburg HA, van de Stadt RJ, Stoyanova-Drenska M, Zant J. Badkuurbehandeling bij patienten met reumatoide arthritis. Ned. T. Geneesk. 123 (1979) 661-664

Adresse: Prim. Priv.-Doz. Dr. A. Falkenbach
          Kranken- und Kuranstalt Gasteiner Heilstollen
          A-5645 Badgastein-Böckstein

Radoninhalation bei Morbus Bechterew

G. Lind-Albrecht

Karl-Aschoff-Klinik im Rheumazentrum Rheinland-Pfalz, Bad Kreuznach

Zusammenfassung

Der Morbus Bechterew stellt die wichtigste Indikation für eine Radoninhalationstherapie im Rudolfstollen von Bad Kreuznach dar. Um den Zusatzeffekt der Radonstollentherapie als ergänzende Maßnahme während einer Rehabilitationsbehandlung zu überprüfen, wurden seit 1990 262 Patienten mit gesicherter Spondylitis ankylosans und zumindest mittelstarken Schmerzen in eine kontrollierte und teilweise randomisierte Studie mit prä-post-und follow-up-Untersuchung aufgenommen. Die Patienten wurden bei Aufnahme zur Rehabilitationsbehandlung und bei Entlassung untersucht und befragt. Die Nachbefragung erfolgte 3, 6, 9 und 12 Monate nach Entlassung. Zusammenfassend war ein Zusatzeffekt durch Radonstollentherapie im Rahmen der stationären Rehabilitation für Bechterew-Patienten nachweisbar. Im wesentlichen zeigte sich eine passager stärkere Schmerzlinderung mit anhaltender Medikamenteneinsparung sowie eine passager stärkere Funktionsverbesserung.

Einleitung

Die wichtigste Indikation für die Radonstollenbehandlung im Rudolfstollen von Bad Kreuznach ist der Morbus Bechterew. Die Stollentherapie erfolgt bei einer Radonkonzentration von 30 bis 130 Bq/Liter Atemluft und bei Temperaturen im sogenannten Behaglichkeitsbereich.

Neben der medikamentösen Schmerzbehandlung, neben all den intensiven krankengymnastischen Behandlungsmethoden, der Sporttherapie, der (Ganzkörper-) Kältetherapie, der Ergotherapie, der Elektrotherapie, den Massagen und Wärmeanwendungen, der Balneotherapie, bis hin zum Schmerzbewältigungstraining usw. hat die Radonstollentherapie ihren traditionellen Platz in der Rehabilitation von Bechterew-Patienten bis zum heutigen Tage behalten.

Methode

Die Nützlichkeit der Radonstollentherapie für Bechterew-Patienten als ergänzende Maßnahme während einer stationären Rehabilitationsbehandlung wurde und wird von uns in der Karl-Aschoff-Klinik in Bad Kreuznach seit 1990 überprüft.

Macht die Radonstollentherapie den Patienten mit Spondylitis ankylosans „gesünder" im Sinne des besseren „Funktionierens"? In der Reha-Fachsprache formuliert: Wird der Reha-Erfolg verbessert? Werden die Reha-Ziele besser erreicht?

Im einzelnen ergeben sich folgende Fragen:
- Werden Haltung und Beweglichkeit stärker verbessert?
- Werden die Schmerzen stärker gelindert?
- Wenn ja, wird dabei eine Medikamenteneinsparung sichtbar?
- Werden Einschränkungen im Alltag und im Beruf stärker vermindert?
- Wird das psychische Befinden stärker verbessert?
- Wird die Motivation zur krankengymnastischen Eigenaktivität zu Hause gefördert?

Um den Zusatzeffekt der Radonstollentherapie in diesem Sinne zu überprüfen, haben wir seit 1990 262 Patienten mit gesichertem Morbus Bechterew und zumindest mittelstarken Schmerzen in eine kontrollierte und teilweise randomisierte Studie mit prä-post- und follow-up-Untersuchung aufgenommen. Die Patienten wurden bei Aufnahme zur stationären Rehabilitationsmaßnahme sowie bei Entlassung untersucht und befragt. Die Nachbefragung erfolgte 3, 6, 9 und 12 Monate nach Entlassung aus der Reha-Klinik.

Der ganze Ablauf wiederholte sich bei jedem danach folgenden Wiederholungs-Reha-Verfahren unserer Probanden. Voraussichtlich wird es ein 10-Jahres-follow-up ab dem Jahr 2000 geben.

Allen Probanden gemeinsam war das intensive vorwiegend auf KG und Sport beruhende Rehabilitations-Programm, das zum Studienzweck standardisiert war. Alle Probanden setzten ihre nichtsteroidale Begleitmedikation bedarfsorientiert fort, mussten dies aber genau dokumentieren.

144 Probanden erhielten zusätzlich Radoninhalationen im Rudolfstollen über insgesamt 10 Zeitstunden. 118 Probanden gehörten der Kontrollgruppe an. Nur ein Teil war dabei per Randomisation in die jeweilige Gruppe gelangt, nämlich 100 Probanden.

Hauptzielvariable war die Schmerzsituation, die als Summenscore über die Schmerzsintensität (visuelle Analogskala), die Schmerzdauer und -häufigkeit (Skala Schmerzdauer nach Dahle 1987), über die affektive Schmerzbewertung (revidierte mehrdimensionale Schmerzskala nach Lehrl und Cziske 1980) sowie über die sog. „relative Wochendosis" für NSAID über einfache ungewichtete Addition errechnet wurde.

Um bei der Verschiedenheit der eingenommenen Präparate eine verrechenbare Größe des Medikamentenkonsums zu erhalten, wurde diese sog. „relative Wochendosis" folgendermaßen errechnet: Wir setzten den täglichen Gebrauch eines NSAID in Volldosis = 100 % und konnten hiermit für jedes NSAID in jeder gebrauchten Einnahmedosis und Einnahmehäufigkeit die Relation zur Volldosis herstellen.

Nebenzielparameter waren
1. die Beweglichkeit und aufrechte Haltung (gemessen anhand der ärztlichen physikalischen Untersuchung) sowie die Vitalkapazität in der Lungenfunktionsuntersuchung
2. der Funktionsstatus, als Summenscore errechnet aus der selbst-entwickelten Skala BEFU (= Bechterew-spezifische Funktionseinschränkungen) sowie der krankengymnastischen Übungshäufigkeit zu Hause
3. das psychische Befinden (bestimmt über die Skala „Vitale Erschöpfung" aus IHRES nach Gerdes und Jäckel 1992).

Begleitmerkmale waren die humoralen Entzündungsparameter. Miterfaßt wurden u.a. die Arbeitsunfähigkeitszeiten sowie das Auftreten neuer Schübe.

Da wir nicht nur über die Signifikanz, sondern vor allem auch über die Relevanz von eventuell auffindbaren therapeutischen Effekten Auskunft haben wollten, haben wir neben den üblichen statistischen Verfahren zusätzlich die Effektstärkeberechnung nach Cohen (1977) angewandt.

Die Effektstärke setzt sozusagen das Ausmaß einer Veränderung ins Verhältnis zur Streuung, also Verschiedenheit, in der diese Veränderung gefunden wird. Die zugehörige Formel heißt:

$$E = (m1 - m2) / s (m1 - m2).$$

Nach Cohen unterscheiden wir kleine (bis $E = 0,2$), mittlere (bis $E = 0,5$) und starke therapeutische Effekte ($E = 0,8$ und mehr).

Ergebnisse

Bei der gründlichen Auswertung aller Daten zu Reha-Beginn fanden wir keine Unterschiede zwischen Radon- und Kontrollgruppe. Die Vergleichbarkeit war also gegeben. Das durchschnittliche Alter der Probanden lag bei 44 Jahren, die Geschlechtsverteilung m : w = 2 : 1, die Dauer bis zur Diagnosestellung betrug im Schnitt 6 Jahre, die Dauer bis zur ersten Rehabilitationsmaßnahme 9 Jahre.

Für die Schmerzsituation finden wir eine deutliche Linderung bei Reha-Ende in beiden Gruppen. Die Effektstärke zeigt in der Radongruppe mit 0,8 einen stärkeren therapeutischen Effekt als in der Kontrollgruppe mit 0,6. Nach 3 Monaten ist die Schmerzlinderung nur noch in der radonbehandelten Gruppe sichtbar. Der Vorsprung der Radongruppe wird deutlicher sichtbar anhand der Effektstärke, da sie mit E = 0,45 einen mittelstarken Linderungseffekt vorweist, während die Kontrollgruppe (mit E = 0,04) praktisch keinen Effekt mehr spürt.

Nach 6 Monaten ist in beiden Gruppen keine Linderung mehr zu sehen. Nach 9 Monaten zeigt die Kontrollgruppe eine Schmerzzunahme, mit E = -0,14 ein leichter Verschlimmerungseffekt, dagegen liegt die Radongruppe mit E = 0,16 im Bereich eines leichten Linderungseffektes. Die Unterschiede nach 3 und nach 9 Monaten sind signifikant (p = .0057 und .0228). Nach 12 Monaten bleibt in der Radongruppe ein leichter, nicht signifikanter Schmerzlinderungseffekt mit E = 0,24 bestehen, für die Kontrollgruppe zeigt sich keine Veränderung zum Ausgangswert (E = 0,01).

Die pauschale Frage nach zwischenzeitlichen schmerzhaften Schüben des Morbus Bechterew beantworteten nach 3 Monaten nur 27% aus der Radongruppe, aber 41% aus der Kontrollgruppe mit „Ja". Nach 6 und 9 Monaten war das Verhältnis 46% zu 51% bzw. 46% zu 58%.

Im Rahmen der Schmerzlinderung interessiert als Einzelvariable besonders der Verbrauch an nichtsteroidalen Antirheumatica. Wir sehen, dass offenbar beide Gruppen nach der Rehabilitationsmaßnahme Medikamente eingespart haben, dass jedoch die Radongruppe lang anhaltend etwa ein Drittel ihres Anfangsverbrauches an NSA einsparen kann. Die Kontrollgruppe spart mittelfristig ein knappes Sechstel ihrer Anfangsdosis ein. Nach 9 Monaten beginnt in der Kontrollgruppe sogar eine Mehreinnahme an NSA. Die Unterschiede sind in der gesamten Follow-up-Periode signifikant p = .0076, .0240, .0100, .0164.

Auch hier veranschaulichen die Effektstärken die Unterschiede genauer: Der Einspareffekt zu Reha-Ende ist in beiden Gruppen klein, allerdings in der Radongruppe mit E = 0,28 schon etwas stärker als in der Kontrollgruppe mit E = 0,11. Nach 3 Monaten ist der Einspareffekt in der Radongruppe mit E = 0,43 mittelstark, in der Kontrollgruppe ist mit E = 0,04 kein relevanter Effekt mehr vorhanden. Nach 6 Monaten hat die Radongruppe weiterhin eine leichte Einsparung mit E = 0,24 zu verzeichnen, die Kontrollgruppe ist unverändert mit E = -0,03. Der leichte Einspareffekt hält in der Radongruppe an. Leichte negative Effekte, also ein Mehrverbrauch, wird in der Kontrollgruppe nach 9 und 12 Monaten sichtbar.

Die Maße der Beweglichkeit und der aufrechten Haltung sowie die Vitalkapazität in der Lungenfunktionsuntersuchung waren in beiden Gruppen zum Reha-Ende hin erheblich verbessert. Hier gab es keinen ersichtlichen Vorteil für die radonbehandelten Probanden.

	Reha-Anfang T0	Reha-Ende T1	nach 3 Monaten S1	nach 6 Monaten S2	nach 9 Monaten S3	nach 12 Monaten S4
Radongruppe						
Patientenzahl	144	144	118	116	111	89
Median	50	33	31	38	38	33
(1./3. Quartil)	(14/83)	(0/67)	(1/67)	(2/67)	(2/91)	(5/75)
Effektstärke*		E=0,28	E=0,43	E=0,24	E=0,21	E=0,37
Kontrollgruppe						
Patientenzahl	118	118	99	97	89	81
Median	40	35	33	33	50	50
(1./3. Quartil)	(9/67)	(4/67)	(0/67)	(5/67)	(8/83)	(12/83)
Effektstärke*		E=0,11	E=0,04	E= -0,03	E= -0,2	E= -0,07
Gruppenvergleich Mann-Whitney-Test	T0 p=.2142	T0 - T1 p=.0980	T0 - S1 p=.0076	T0 - S2 p=.0240	T0 - S3 p=.0100	T0 - S4 p=.0164

*E > 0,8 starker Effekt, E = 0,5 mittelstarker Effekt, E ≤ 0,2 schwacher Effekt; i. S. der Effektstärke nach Cohen als Maß der Relevanz der jeweiligen Veränderung im Vergleich zum Anfangswert; positive Werte = Befundverbesserungen, negative Werte = Befundverschlechterung

Tabelle 1: Verbrauch an nichtsteroidalen Antirheumatika: relative Wochendosis in % der Volldosis vor Behandlung

Der Funktionsstatus zeigt 3 Monate nach der Reha einen Rückgang der Funktions-Einschränkungen in der Radongruppe, mit E = 0,33 als schwacher bis mittelstarker therapeutischer Effekt zu interpretieren. In der Kontrollgruppe ist keine Linderung der Funktions-Einschränkungen erkennbar. Der Unterschied ist übrigens signifikant mit p = 0,0461.

Nach 6 Monaten ist die Radongruppe auf ihrem ursprünglichen Niveau vom Reha-Beginn wieder angelangt. Leichte Progredienz der Funktionseinschränkungen sehen wir in der Kontrollgruppe mit E = -0,11. Nach 9 Monaten und 12 Monaten finden wir eine leichte Progredienz in beiden Gruppen, in der Kontrollgruppe mit E = -0,17 etwas stärker als in der Radongruppe mit E = -0,02.

Die krankengymnastischen Aktivitäten nahmen übrigens in beiden Gruppen gering zu, ohne wesentlichen Unterschied zwischen Radon- und Kontrollgruppe.

Das psychische Befinden, gemessen an der Skala „Vitale Erschöpfung" (aus IRES nach Gerdes und Jäckel 1992), verbessert sich zum Reha-Ende in beiden Gruppen, die Besserung hält bis zu 3 Monate später merklich an, nach 6 Monaten ist sie nur in der Radongruppe noch in geringem Maße vorhanden, danach in keiner der Gruppen mehr. Signifikante Unterschiede gibt es zu keinem Messzeitpunkt.

Die Darstellung der Effektstärken zeigt uns, dass wir für die psychische Stabilisierung zum Reha-Ende einen sehr starken therapeutischen Effekt erreicht haben, diesmal in der Kontrollgruppe (mit E = 1,1) noch geringfügig stärker als in der Radongruppe (mit E = 1,0). Nach 3 Monaten ist der anhaltende Besserungseffekt in der Radongruppe mit E = 0,46 noch mittelstark, in der Kontrollgruppe mit E = 0,34 noch leicht bis mittelstark ausgeprägt. Länger anhaltende relevante Effekte sind nicht auffindbar.

Die Arbeitsunfähigkeitszeiten vor und nach Reha zeigen einen kleinen, aber nicht signifikanten Vorteil der Radongruppe 6 Monate nach Reha-Ende auf: 75% aus der Radongruppe waren seit Reha-Ende ohne Krankschreibung gegenüber 64% aus der Kontrollgruppe. Nach 9 Monaten war das gleiche Phänomen in leicht abgeschwächter Form erneut sichtbar. Nach 12 Monaten waren die Ausfälle durch Arbeitsunfähigkeit praktisch gleich in beiden Gruppen.

Die humoralen Entzündungsparameter und sämtliche weiteren Laborparameter zeigten keine signifikanten Gruppenunterschiede im Verlauf.

Soweit zu den Daten der ersten Rehabilitationsmaßnahme. Eine ganze Anzahl unserer Probanden kam in den Folgejahren zur Reha-Wiederholung. Pauschal kann man sagen, dass die Probanden aus der Kontrollgruppe früher und häufiger zur Wiederholung der Reha-Maßnahme kamen. Von insgesamt 40 Probanden mit 3 Reha-Maßnahmen innerhalb von 3 Jahren waren 16 aus der Radongruppe und 24 aus der Kontrollgruppe. Es ist sicher zu berücksichtigen, dass wir nur eine Selektion unserer ursprünglichen Studienteilnehmer zu solch regelhafter und häufiger Reha-Wiederholung sehen. Die Auswertung des Schmerzverlaufs unserer Mehrfach-Reha-Wiederholer zeigt langfristig keinen entscheidenden Vorteil durch Radon. Auch im Langzeit-Verlauf des Funktionsstatus finden wir bei unseren Mehrfachwiederholern keine signifikanten Unterschiede zwischen Radon- und Kontrollgruppe.

Der Vergleich der Messwerte für Beweglichkeit und aufrechte Haltung ergab teilweise interessante, wenn auch nicht signifikante Unterschiede. Der Hinterhaupt-Wand-Abstand als Maß für die aufrechte Körperhaltung verschlechterte sich innerhalb von 3 Jahren in der Kontrollgruppe mit E = -0,7 im Sinne eines mittelstarken bis starken negativen Effektes von durchschnittlich 10 cm auf 12,5 cm. Die Radongruppe demgegenüber blieb mit E = -0,2 im Bereich einer leichten Verschlechterung des Hinterhaupt-Wand-Abstandes von 7 auf 7,5 cm im Mittel.

Es gibt noch eine Fülle von interessanten Einzel-Aspekten, die in unserer Monographie (zu beziehen über die Verfasserin) nachgelesen werden können.

Schlußfolgerung

Fassen wir noch einmal zusammen, so war ein Zusatzeffekt durch Radonstollentherapie im Rahmen der stationären Rehabilitation für Bechterew-Patienten nachweisbar. Im wesentlichen zeigte sich eine passager stärkere Schmerzlinderung mit anhaltender Medikamenteneinsparung sowie eine passager stärkere Funktionsverbesserung. Einen nachweisbaren Langzeit-Effekt konnten wir -zumindest bisher- nicht aufzeigen. Wir werden sehen, ob unser 10-Jahres-Follow-Up weitere Aufschlüsse bringt.

Die Radontherapie wird hiermit sicher nicht zum wichtigsten Bestandteil der Bechterew-Behandlung. Sie kann jedoch als ein wesentlicher Stützpfeiler zum Erreichen der Reha-Ziele gesehen werden.

Literatur

Cohen J. Statistical power analysis for the behavioral sciences. Academic Press, New York, San Francisco, London (1977)

Dahle KP. Zusammenhänge zwischen Kontrollüberzeugung, Erfolgserwartung und deren Einfluß auf den Effekt von stationären Heilmaßnahmen bei Patienten mit gesicherter Spondylitis ankylosans. Diplomarbeit, Friedrich-Wilhelm-Universität, Bonn (1987)

Gerdes N, Jäckel WH. Indikatoren des Reha-Status (IRES). Ein Patientenfragebogen zur Beurteilung von Rehabilitationsbedürftigkeit und -erfolg. Rehabilitation 31 (1992) 73-79

Lehrl S, Cziske R. Schmerzmessung durch die Mehrdimensionale Schmerzskala. Reihe Medizinpsychologie, Vless Texte, Vaterstetten, München (1980)

Adresse: Dr. med. G. Lind-Albrecht
Karl-Aschoff- und Rheinpfalz-Klinik
Kaiser-Wilhelmstr. 19a
D-55543 Bad Kreuznach

Radonbäder unterstützen den Hafteffekt einer stationären Rehabilitation bei Rheumatoider Arthritis – Ergebnisse einer randomisierten und verblindeten Parallelgruppen-Studie mit 6 Monats-Follow-up

L. Reiner[1], A. Franke[2], H. Pratzel[3], Th. Franke[2]

[1] Klinik Bad Brambach, Bad Brambach
[2] Forschungsinstitut für Balneologie und Kurortwissenschaft, Bad Elster
[3] Institut für Medizinische Balneologie und Klimatologie, Ludwig-Maximilians-Universität, München

Zusammenfassung

Im Rahmen einer stationären Rehabilitationsmaßnahme wurde in einer randomisierten kontrollierten Studie die Wirksamkeit von natürlichen Radon-CO_2-Bädern mit der von künstlich hergestellten CO_2-Bädern gleicher CO_2-Konzentration bei Patienten mit Rheumatoider Arthritis verglichen. Hinsichtlich des Hauptzielkriteriums, eines zusammengefaßten Komplexparameters aus Schmerz- und Beweglichkeitseinschätzungen, führte die Behandlung mit Radon-CO_2-Bädern zu ausgeprägteren und länger anhaltenden Behandlungseffekten als die Vergleichstherapie mit Bädern, die allein CO_2 enthielten.

Einleitung

Die Rheumatoide Arthritis (RA), synonym auch als chronische Polyarthritis (cP) bezeichnet, gehört zu den entzündlich-rheumatischen Erkrankungen, für die bis heute weder eine Prophylaxe noch eine kurative Behandlung in eigentlichem Sinne existiert. Die Strategien zu ihrer Behandlung sind komplex und umfassen neben der medikamentösen Therapie u.a. Krankengymnastik, physikalische und Ergotherapie, operativ-chirurgische und rehabilitative Behandlung, psychologische Betreuung sowie den Einsatz von Orthopädietechnik. Die Therapie ist durch ihre langfristige Ausrichtung und die dem individuellen Bedarf angepaßte Koordination der o.g. Methoden gekennzeichnet. Neben der Antiproliferation und der Entzündungshemmung stehen, v.a. bei der Rehabilitation von RA-Patienten, Schmerzlinderung, Erhalt der Restfunktion sowie das Vermitteln geeigneter Strategien im Umgang mit der Krankheit unter Alltagsbedingungen im Zentrum des therapeutischen Handelns.

Im Rahmen der physikalischen Therapie nimmt die Balneotherapie einen anerkannten Platz unter den Behandlungsmethoden ein. Neben anderen natürlichen Heilmitteln, z.b. Moor, Sole oder schwefelhaltigen Wässern (Amelung und Hildebrandt 1986, Pratzel und Schnizer 1992), werden Radonbäder eingesetzt, deren analgetische (Pratzel et al. 1992, Bernatzky et al. 1997), antiphlogistische (Jöckel 1997) und immunmodulierende (Peter 1989, Soto 1997) Wirkungen aus jahrzehntelanger empirisch gewonnener Erfahrung bekannt sind und auch in klinischen Studien belegt werden konnten (Callies 1989, Vulpe et al. 1989, Zielke et al. 1989, Pratzel et al. 1992). Wegen der radioaktiven Wirkung wird der therapeutische Einsatz von Radon (Rn) jedoch immer wieder kontrovers diskutiert (z.B. Deetjen 1992, Seichert 1992). Das Risiko der Radon-Bäderbehandlung liegt jedoch weit unter dem der natürlichen Strahlenbelastung (Dörtelmann 1992). Natürlich muß - wie vor jeder therapeutischen Maßnahme - eine gesicherte Indikation bestehen und die Abwägung von Nutzen und Risiko positive Ergebnisse für den Patienten erwarten lassen.

Studienziel

Die Wirksamkeit von natürlichen Radon-CO_2-Bädern (im Mittel 1,3 kBq/l, 1,6 g CO_2/l) sollte mit der von künstlich hergestellten CO_2-Bädern gleicher CO_2-Konzentration bei Patienten mit RA verglichen werden. Im Rahmen des komplexen Therapieregimes einer stationären Rehabilitation wurde dazu eine randomisierte kontrollierte Studie konzipiert, durch die sowohl die aktuellen Behandlungswirkungen als auch längerfristige Effekte untersucht werden konnten.
  Folgende Hypothesen lagen der Evaluation zugrunde:
− Das komplexe Behandlungsprogramm (einschließlich der applizierten Bäder) ist effektiv sowohl hinsichtlich der Schmerzbeeinflussung und dem Zuwachs an Gelenkbeweglichkeit als auch mit Blick auf die krankheitsbedingten psychosozialen und funktionellen Einschränkungen der Patienten im Alltag.
− Die Behandlung mit kombinierten Radon-CO_2-Bädern führt zu ausgeprägteren und länger anhaltenden Behandlungseffekten als die Therapie mit Bädern, die allein CO_2 enthalten.

Methoden

Studiendesign

Die Untersuchung wurde mit randomisierter Gruppenzuordnung (unter Nutzung einer Zufallszahlen-Tabelle) in einem Parallelgruppendesign mit Nachbeobachtungsphase durchgeführt. Sie war als Doppelblindstudie konzipiert und wurde in dieser Form auch begonnen. Die Gruppenzuordnung der Patienten war nur im FBK Bad Elster bekannt.und wurde in einem Barcode verschlüsselt. Die Patienten erhielten in der Reihenfolge der Anreise und nach Einwilligung zur Studienteilnahme eine fortlaufende Numerierung. Jeder Patient bekam eine Barcode-Karte mit der entsprechenden Nummer, die er während der gesamten Dauer der Bäderserie behielt. Über die Barcode-Karte wurden von der Badefrau die Magnetventile des Badewannenzulaufs auf radonhaltiges oder radonfreies Wasser geschaltet. Infolge technischer Veränderungen bei der Badewasseraufbereitung konnte diese Elektronik jedoch nicht während der gesamten Studienlaufzeit genutzt werden. Für ca. 2/3 der Patienten mußte der Wasserzulauf manuell eingestellt werden, so daß die therapeutenseitige Verblindung aufgehoben werden mußte, die patienten- und untersucherseitige Verblindung jedoch bestehen blieb.

Patienten und Prüftherapie

Die Einschlußkriterien für die Studienaufnahme entsprachen den 1987 revidierten Kriterien der American Rheumatism Association für RA (ARA/ACR-Kriterien; Arnett et al. 1988). Diese sowie die zugrunde gelegten Ausschlußkriterien für eine Studienteilnahme sind Tabelle 1 zu entnehmen.

Neben soziodemografischen Charakteristika wurden die Erkrankungsjahre und das radiomorphologische Stadium der Erkrankung (nach Otto 1977, Treutler 1992) erhoben. Die medikamentöse Einstellung zu Studienbeginn wurde dokumentiert und während der stationären Rehabilitation unverändert beibehalten. Über die gezielte Information der weiterbehandelnden Ärzte wurde versucht, dies auch für die Nachbeobachtungsphase zu erreichen. Eine kurzzeitige Einnahme von Medikamenten bei aktuellem Bedarf (ausschließlich NSAR) wurde nicht registriert.

Der Behandlungsunterschied zwischen beiden Parallelgruppen bestand in der applizierten Bäderserie von je 15 Vollbädern. Diese wurde in der Verum-Gruppe mit natürlichem Radon-CO_2-Wasser, in der Referenz-Gruppe mit künstlich hergestelltem CO_2-Wasser durchgeführt. Tabelle 2 weist die Therapiemaßnahmen im Rahmen der stationären Rehabilitation aus.

Einschlußkriterien
Diagnose einer RA mit sicheren Schmerz- und Entzündungszeichen sowie Funktionseinschränkungen (mindestens 4 der 7 Kriterien): 1. Morgensteifigkeit von mindestens einer Stunde Dauer 2. Weichteilschwellung: Arthritis von drei oder mehr Gelenken 3. Arthritis der Hände: proximale Interphalangeal-, Metakarpophalangeal- oder Handgelenke 4. Symmetrische Arthritis: simultane Beteiligung der gleichen Gelenkregionen auf beiden Körperseiten 5. Rheumaknoten: Subkutane Knoten über Knochenvorsprüngen, an den Streckseiten oder in Gelenknähe 6. Rheumafaktor im Serum nachweisbar 7. Radiologische Veränderungen: gelenknahe Osteoporose und/oder Erosionen an den betroffenen Gelenken Die Kriterien 1 bis 4 müssen mindestens 6 Wochen bestanden haben. -- - Alter bis 75 Jahre - stabile medikamentöse Einstellung - Freiwilligkeit und Einverständnis
Ausschlußkriterien

1. Akuter Schub der RA
2. Schwere Begleiterkrankungen:
   - entzündliche Systemerkrankungen
   - Muskel- und Skeletterkrankungen, die mit der Prüftherapie interferieren können
   - ZNS-Erkrankungen
   - bekannte Thrombose-Neigung
   - gravierende Lungenerkrankungen
   - klinisch relevante Störungen der Herz-, Nieren- oder Leberfunktion
   - maligne Tumoren in fortgeschrittenem Stadium
   - Alkohol- oder Medikamentenabusus
   - akute, unklare Hauterkrankungen
   - größere Hautverletzungen
   - schwere fieberhafte oder infektiöse Erkrankungen
   - Hypertonie (diastolischer RR > 120 mmHg)
   - Herzinsuffizienz (ab NYHA Stadium III)
3. Schwangerschaft und Stillzeit
4. Teilnahme an einer anderen Studie im letzten Monat

Tabelle 1: Einschluß- und Ausschlußkriterien für die Studienaufnahme

Art der Prüf-Therapien	Rn-CO$_2$-Bäder 250 l; 35°C; im Mittel 1,3 kBq/l und 1,6 g CO$_2$/l	künstlich hergestellte CO$_2$-Bäder 250 l; 35°C; 1,6 g CO$_2$/l
Absolute Häufigkeit in 4 Wochen	15 mal a 20 min; anschl. Ruhephase von 30 min; jeweils zur gleichen Tageszeit (10 - 12 Uhr)	15 mal a 20 min; anschl. Ruhephase von 30 min; jeweils zur gleichen Tageszeit (10 - 12 Uhr)
	Weitere nicht evaluierte Behandlungen	
	rheumaspezifische Krankengymnastik, 10 – 12 mal a 30 min	
	klassische Massage, 8 – 10 mal a 25 min	
	hydrogalvanische Teilbäder, 6 – 8 mal	
	Ergotherapie	
	Entspannungstraining	
	Freizeitsport	

Tabelle 2: Spezifikation der therapeutischen Intervention während der Rehabilitation

Die Patientenrekrutierung für die Studie begann im April 1993. Sie wurde wegen des Umzuges in ein neues Klinikgebäude von Februar 1994 bis April 1995 unterbrochen. Weitere Patientenaufnahmen erfolgten von April 1995 bis Oktober 1996.

Meßgrößen und Zielkriterien

Den mehrdimensionalen Behandlungszielen bei RA entsprechend wurden Meßgrößen zu Schmerzintensität und -häufigkeit, zu Beweglichkeit und Alltagsbeeinträchtigungen sowie zur Entzündungsaktivität erhoben:
- Schmerzintensität (SI) - sie wurde mittels einer 100 mm langen horizontalen visuellen Analogskala (VAS) erhoben (Extrema: "keine Schmerzen"/ "extrem starke Schmerzen"). VAS gelten als reliabel, valide und änderungssensitiv (Price et al. 1983, Jensen et al. 1986).
- Schmerzhäufigkeit (SH) - es wurde eine 4-stufige Verbalskala eingesetzt (Callies 1986). Für den Vergleich der Behandlungseffekte erfolgte eine Dichotomisierung in "gebessert" / "nicht gebessert".
- Gelenkbeweglichkeit („impairment" i.S. der ICIDH-Klassifikation, Matthesius et al. 1995) - es kam der Bewegungsfunktionstest (BFT) nach Keitel et al. (1971) zum Einsatz, welcher Funktionsketten von Gelenken prüft, die Alltagsbewegungen nachempfunden wurden. Sein Wertebereich reicht von 0 (maximale Bewegungseinschränkung) bis 100 (uneingeschränkte Beweglichkeit). Wegen bekannter tageszeitlicher Schwankungen wurden die Mes-

sungen zur jeweils gleichen Tageszeit vorgenommen. Die Objektivität und Reproduzierbarkeit des BFT werden als gut eingeschätzt (Keitel 1988, Kohlmann und Raspe 1994).
- Morgensteifigkeit (MS) - diese wurde auf einer 5-stufigen Verbalskala registriert. Im Rahmen einiger neuerer Untersuchungen (Felson et al. 1993, Buchbinder et al. 1995) wurde ihre Veränderungssensitivität allerdings als relativ gering eingeschätzt. Es erfolgte eine Dichotomisierung und Bewertung wie bei der Schmerzhäufigkeit.

Haupzielkriterium

Zur Bewertung der Behandlungseffekte wurden die multiplen Endpunkte bei RA (s.o.) zu einem Komplexparameter (KP) zusammenfaßt, um
1. auch im Fall divergierender Einzelergebnisse eindeutig entscheiden zu können, ob die Radontherapie maßgeblich zu den beobachteten Behandlungseffekten beiträgt
2. das Problem des multiplen Testens zu umgehen.

Das seiner Konstruktion zugrunde liegende Vorgehen war vorab im Studienprotokoll festgelegt und anhand von Simulationsuntersuchungen geprüft worden. Details werden im Abschnitt „Ermittlung des Komplexparameters" dargestellt.

Nebenzielkriterium

Zur Beschreibung der körperlichen Beeinträchtigung und der psychosozialen Konsequenzen bei RA wurde der MOPO-Fragebogen ("measurement of patient outcome") eingesetzt. Dieser erfaßt "disabilities" und "handicaps" i.S. der ICIDH-Klassifikation (Matthesius et al. 1995). Er basiert auf dem in den USA entwickelten AIMS-Test und wurde von Jäckel et al. (1985) für den deutschsprachigen Raum modifiziert und validiert. Seine 67 Items werden zu 9 Subskalen - Mobilität, körperliche Aktivität, Geschicklichkeit, Aktivität im Haushalt, Aktivität im täglichen Leben, soziale Aktivität, Schmerzen, Depressivität, Ängstlichkeit - und einem Gesamtscore zusammengefaßt. Der Wertebereich des Scores (und der Subskalen) liegt zwischen 0 und 10. Ein Gesamtscore von 10 wird erreicht, wenn keine körperlichen, funktionalen oder psychosozialen Beeinträchtigungen angegeben werden. Schmerz, Ängstlichkeit und Depressivität stellen inverse Skalen dar.

Die Gütekriterien des Fragebogens (Reliabilität, Validität, Sensitivität, Praktikabilität) wurden von den Autoren als gut eingeschätzt.

Der MOPO-Fragebogen wurde als Baseline und zu beiden Nachbeobachtungszeitpunkten erhoben.

Weitere Meßgrößen

Zur Beschreibung der Entzündungsaktivität wurden die Blutkörperchensenkungsgeschwindigkeit (BSG) und der Serumspiegel des C-reaktiven Proteins (CRP) herangezogen. Eine Dokumentation von Nebenwirkungen wurde vorgesehen. Außerdem beurteilten Arzt und Patient global die Wirksamkeit, Verträglichkeit und Durchführbarkeit der Behandlung.

Ermittlung des Komplexparameters

Der Konstruktion des Komplexparameters (KP) lag zugrunde, daß 10 Einheiten einer klinisch relevanten Verbesserung in jedem der vier Einzelparameter entsprechen sollten. Um sowohl die Bedeutung der betrachteten Beschwerden / Einschränkungen für den Patienten als auch die Reliabilität der Messungen bei der Wichtung der Einzelmeßgrößen zu berücksichtigen, sollten relevante Verbesserungen in der Schmerzintensität (DSI_{relev}=10 mm) und dem Bewegungsfunktionstest nach Keitel ($DBFT_{relev}$=3 Pkt.) jeweils 3,5 der 10 KP-Einheiten ausmachen, während eine Verbesserung um eine Kategorie bei der Schmerzhäufigkeit (DSH) 2 KP-Einheiten und bei der Morgensteifigkeit (DMS) 1 KP-Einheit beitragen würden.

Die Umrechnung der relevanten Meßgrößenveränderung für jede einzelne Meßgröße auf ihren Anteil am Komplexparameter erfolgte durch die Ermittlung von Formfaktoren (FF). So ergab sich z.B. für die Schmerzintensität ein FF_{SI} von 3,5/10 mm =0.35. In Analogie wurden die Formfaktoren für den Bewegungsfunktionstest (FF_{BFT}=3,5/3 Pkt.=1,17), die Schmerzhäufigkeit (FF_{SH}=2) und die Morgensteifigkeit (FF_{MS}=1) ermittelt. Die beobachteten Veränderungswerte für jeden Patienten wurden mit den zugehörigen Faktoren multipliziert und die Richtung eines positiven Behandlungseffektes durch das Vorzeichen berücksichtigt, um seine individuelle Reaktion auf die Therapie auszudrücken:

$$KP = - DSI * FF_{SI} + DBFT * FF_{BFT} - DSH * FF_{SH} - DMS * FF_{MS}$$

Positive Werte bedeuten allgemein eine Verbesserung, Werte des KP>10 sogar ausgeprägte Verbesserungen (stärker als die klinisch relevanten Änderungen), negative Werte weisen auf eine Verschlechterung der individuellen Situation des Patienten hin.

Das in Simulationsuntersuchungen überprüfte Konstrukt weist eine asymptotische Normalverteilung innerhalb der Studienstichprobe auf.

Fallzahlschätzung

Der Studie lag die auf empirischen Erfahrungen beruhende Erwartung zugrunde, daß in der Therapiegruppe mit natürlichen Radon-CO_2-Bädern eine stärkere Verbesserung der Zielparameter erfolgt als in der Kontrollgruppe, weshalb mit einseitiger Fragestellung gearbeitet wurde. Als klinisch relevant wurde eine Veränderung im Hauptzielparameter von 8 Einheiten betrachtet (80% der bei der Konstruktion des Komplexparameters einbezogenen relevanten Unterschiede aller Einzelparameter).

geschätzte Fallzahl pro Gruppe	$\beta = 0,1$	$\beta = 0,2$	$\beta = 0,3$	$\beta = 0,4$
relativer Gruppenunterschied $d = 0,3 \cdot \sigma$	190	137	104	80
$d = 0,4 \cdot \sigma$	107	77	59	45
$d = 0,5 \cdot \sigma$	69	50	38	29
$d = 0,6 \cdot \sigma$	48	35	26	20
$d = 0,7 \cdot \sigma$	35	26	20	15
$d = 0,8 \cdot \sigma$	27	20	15	12

Tabelle 3: Fallzahl je Gruppe bei Veranschlagung verschiedener Gruppenunterschiede und β-Fehler bei $\alpha < 0,05$

Tabelle 3 zeigt ein Szenario zur Fallzahlschätzung unter Veranschlagung verschiedener Gruppendifferenzen und ß-Fehler bei Annahme einer Irrtumswahrscheinlichkeit von $\alpha < 0,05$ für Fehler 1. Art und normalverteiltem Zielkriterium. Bei 30 Patienten pro Gruppe wären moderate Effektunterschiede mit einer Teststärke von 0,6 , ausgeprägte Unterschiede mit einer Teststärke von 0,9 zu entdecken.

Studienablauf

Am Tag nach der Anreise des Patienten erfolgte im Zusammenhang mit der Eingangsuntersuchung die Patientenaufnahme in die Studie, die Erhebung der Basischarakteristika und die Ausgangswertbestimmung der Zielkriterien. Während der Abschlußuntersuchung wurden alle Meßgrößen für die Auswertung dokumentiert. Die Nachbeobachtung erfolgte jeweils 3 und 6 Monate nach dem

Ende des stationären Aufenthaltes auf postalischem Weg. Sie bezog sich auf die Gelenkbewegungsfunktion (BFT), die Schmerzintensität, die Schmerzhäufigkeit, die Dauer der Morgensteifigkeit und den MOPO-Test. Veränderungen der medikamentösen Einstellung wurden erfragt und die Patienten gebeten, von ihren Hausärzten die aktuelle BSG ermitteln zu lassen. Bei Bedarf wurde in einem Telefonat an die Rücksendung der Fragebögen erinnert.

Während des Aufenthaltes in der Klinik wurden Kontrolluntersuchungen (nach dem 5. und dem 10. Bad) durchgeführt. Die dabei durchgeführten Messungen wurden aus meßmethodischen Erwägungen vorgenommen. Die Patienten sollten bereits während ihres stationären Aufenthaltes mit den Fragebögen für die Follow-up-Erhebungen vertraut werden. Außerdem sollten sie befähigt werden, den BFT selbständig durchzuführen und ihre Beweglichkeit anhand der Testinstruktionen zu bewerten. Dazu wurde der Bewegungsfunktionstest nach einer einführenden Erläuterung durch den Arzt bei jeder der 4 Untersuchungen sowohl vom Arzt als auch vom Patienten bewertet. Auftretende Bewertungsunterschiede wurden besprochen und so eine immer bessere Übereinstimmung zwischen der ärztlichen und der Patientenbewertung erreicht. Für die Nachbeobachtungstermine wurden die vom Patienten erhobenen BFT-Werte über ein Regressionsmodell an die vom Arzt während der Rehabilitation erhobenen Werte angepaßt (siehe unten: Diskussion der Zielparameter).

Zur Einhaltung eines therapeutischen "steady state" wurde die Bäderserie 6 - 7 Tage nach der Anreise des Patienten begonnen, um Reaktionen, die potentiell mit Anreise, Milieuveränderung und Zusatztherapie zusammenhingen, abklingen zu lassen. Die aktive Therapie wurde in Abhängigkeit der körperlichen Leistungsfähigkeit der Patienten gestaltet. Auf Patientenwunsch hin wurden eine zusätzliche Gymnastik oder die Teilnahme an einer Sportgruppe genehmigt. Knapp ein Viertel der Studienpatienten nahm an dem verordnungsfreien Angebot von psychologisch geleiteten Entspannungstherapien teil. An der in Bad Brambach angebotenen Trinkkur konnten die Studienpatienten ohne Einschränkungen teilnehmen. Eine Überwachung der Trinkhäufigkeit und -menge erfolgte nicht, da der Studie die Annahme zugrunde lag, daß die Haut das Erfolgsorgan für die beabsichtigte Radonwirkung ist (Andrejew et al. 1989, Pratzel und Artmann 1990).

Aufgrund der randomisierten Gruppenzuordnung war davon auszugehen, daß die ergänzenden Applikationen von den Patienten beider Gruppen gleichermaßen genutzt wurden.

Insgesamt waren Therapie- und Studien-Compliance als gut einzuschätzen.

Statistische Methoden

Zur Auswertung wurden jeweils die Veränderungen gegenüber der Basiserhebung verwendet. Intervallskalierte Meßgrößen wurden durch den arithmetischen Mittelwert und die Standardabweichung, kategoriale Daten durch Auftretenshäufigkeiten beschrieben. Für die Behandlungseffekte innerhalb der Gruppen wurden die erreichten Effektstärken (Mittelwert der individuellen Veränderungen bezogen auf die zugehörige Standardabweichung der Differenzen, Cohen 1977) dargestellt. Die Unterschiede zwischen den Behandlungsgruppen wurden als Mittelwertdifferenzen oder Odds ratio (Chancenverhältnisse) mit 95%-Konfidenzintervallen angegeben.

Die konfirmatorische Prüfung der Studienhypothese (Überlegenheit der Radon-Behandlung gegenüber der Referenzbehandlung) erfolgte mittels Wilcoxon-Mann-Whitney-U-Test nach dem "Intention-to-treat"-Prinzip sowohl für den Hauptzielparameter als auch für die Veränderungen im MOPO-Score. Die Auswertung beider Studienphasen (stationärer Aufenthalt und Nachbeobachtungszeitraum) erfolgte in getrennten Analysen.

Um die vom Patienten ermittelten BFT-Werte während der Nachbeobachtung den ärztlicherseits gemessenen Werten anzupassen, wurde ein lineares Regressionsmodell für die Werte der Abschlußuntersuchung berechnet. Dieses lag der Approximation der Nachbeobachtungswerte zugrunde (siehe unten: Diskussion der Zielparameter). In einer Sensitivitätsanalyse wurden die Behandlungseffekte, die unter Einbeziehung der Patienten-BFT-Werte zu beobachten waren, mit den Ergebnissen der konfirmatorischen Analyse verglichen (siehe unten: Analyse der Zielkriterien).

Weitere Sensitivitätsanalysen wurden durchgeführt, um den Einfluß von vereinzelt fehlenden Verlaufsinformationen und Medikationsveränderungen während der Nachbeobachtungsphase zu prüfen (siehe unten: Analyse der Zielkriterien). Die Ersetzung von fehlenden Daten erfolgte nach einem "worst-case"-Szenario. Veränderungen der medikamentösen Einstellung in der Nachbeobachtungsphase wurden neben der Gruppenzugehörigkeit als Einflußfaktor in einer explorativ orientierten, zweifaktoriellen Varianzanalyse untersucht (siehe unten: Deskription weiterer Ergebnisse).

Die Auswertung erfolgte mit SPSS (Version 6.1.3).

Ergebnisse

Ausgangssituation

Das Gesamtkollektiv bestand zu ca. 75% aus Frauen. Das Alter der Studienteilnehmer lag zwischen 21 und 75 Jahren, das Manifestationsalter der Erkrankung bei durchschnittlich 48 Jahren. Die Dauer der Erkrankung wurde mit 1 bis 46 Jahren angegeben (Median 6 Jahre, Mittelwert 10,5 Jahre, Std.-Abw. 11 Jahre). Ca. 50% der Patienten befanden sich im Röntgen-Stadium 2 (Otto et al. 1977). Der Body-Mass-Index war zwischen den Gruppen ausgeglichen und lag mit 25,7 kg/m² (Std.-Abw. 3,7) nur knapp im Bereich des Übergewichts. 31/60 Patienten waren Alters- oder Frührentner, lediglich 12 Patienten waren zu Studienbeginn arbeitsfähig.

Die medikamentöse Einstellung der Patienten zu Studienbeginn variierte stark. 38 Patienten nahmen (in Kombination oder ausschließlich) nichtsteroidale Antirheumatika (NSAR), 25 Patienten Basismedikamente und 11 Patienten Steroide ein. 11 Patienten waren ohne Dauermedikation. Die größte Subgruppe (16/60 Patienten) war medikamentös auf die Kombination von einem Basismedikament und NSAR eingestellt. Beide Behandlungsgruppen wiesen vergleichbare Verteilungen hinsichtlich ihrer Medikation auf.

Die mittlere Schmerzintensität im Gesamtkollektiv lag bei 41,7 mm (Std.-Abw. 22,8 mm), der mittlere BFT bei 70,8 Punkten (Std.-Abw. 15,6). Beim MOPO wurde ein Mittelwert von 6,4 (Std.-Abw. 1,2) gefunden.

Fast alle Patienten gaben eine Morgensteifigkeit von mindestens einer Stunde an, über 40% wiesen sogar eine zweistündige oder längere Morgensteifigkeit auf. Über 80% hatten "tägliche" oder "ständige" Schmerzen bei jeweils weitgehend vergleichbarer Verteilung in den Gruppen.

Die mittlere BSG im Kollektiv lag bei 20,3 mm (Std.-Abw. 15,7), der CRP-Spiegel bei 15,2 g/ml (Std.-Abw. 15,9). Beide Größen waren in den Behandlungsgruppen vergleichbar.

Die nach der technisch bedingten Unterbrechung der Studie aufgenommenen Patienten waren durchschnittlich älter, länger erkrankt und insgesamt stärker gesundheitlich eingeschränkt. Die Vergleichbarkeit der Behandlungsgruppen war jedoch nicht gestört.

Tabelle 4 weist alle gruppenbeschreibenden Kenngrößen aus. Insgesamt können die im Ergebnis der Randomisierung entstandenen Gruppen als vergleichbar angesehen werden. Verletzungen der Aufnahmekriterien traten nicht auf.

	Therapiegruppen		insgesamt
	Rn (n = 30)	CO_2 (n = 30)	n = 60
Frauen	22	24	46
Rö-Stadium 0 – 1*	4	5	9
2 – 3 *	21	21	42
4 *	5	4	9
Schmerzhäufigkeit keine / nicht täglich	3	5	8
täglich/ ständig	27	25	52
Morgensteifigkeit keine	1	4	5
bis 1 Stunde	15	16	31
länger als 1 Stunde	14	10	24
Medikation : D/ S/ N/ DS/	4/ 1/ 6/ 1/	2/ 1/ 6/ 2/	6/ 2 / 12/ 3/
DN/ SN/ DSN/ keine **	8/ 1/ 2/ 7	8/ 3/ 3/ 4	16/ 4/ 6/ 11
soziale Situation arbeitsfähig	8	4	12
AU / EU	9	8	17
Rente (Früh-/Alters-)	13	18	31

	Rn (n = 30)		CO_2 (n = 30)		insgesamt	
	MW	Std.-Abw.	MW	Std.-Abw.	MW	Std.-Abw.
Alter (Jahre)	58,1	9,9	58,6	11,9	58,3	10,9
Kr.-Dauer (Jahre)	11,1	12,2	9,9	9,8	10,5	11,0
BMI (kg/m²)	25,7	3,3	25,7	4,0	25,7	3,7
SI (0..100 mm VAS)	44,8	25,0	38,6	20,2	41,7	22,8
BFT Arzt (0..100 Pkt.)	70,5	18,0	71,1	13,2	70,8	15,6
MOPO-Score	6,3	1,3	6,6	1,1	6,4	1,2
BSG (1. Std.) (mm)	18,6	15,8	22,0	15,6	20,3	15,7
CRP (mg/l)	12,2	14,4	18,4	17,0	15,2	15,9

* Röntgen-Untersuchung beider Hände und Füße im d.p. Strahlengang
  0-1 : noch keine knöchernen Gelenkveränderungen
  2-3 : knöcherne Veränderungen
  4   : Gelenkzerstörung
** D-DMARD / S-Steroide / N-NSAR / Kombinationen DS, DN, SN, DSN

Tabelle 4: Ausgangssituation in den Behandlungsgruppen

Dokumentation der Datenverluste im Studienverlauf

Für die Phase der stationären Rehabilitation liegen alle Daten vollständig vor.

Während der Nachbeobachtung zeigte sich bei einer Patientin der CO_2-Gruppe fehlende Studien-Compliance, so daß in diesem Fall keine Informationen über den Nachbeobachtungszeitraum verfügbar sind. Ihre gesundheitlichen Beeinträchtigungen zu Behandlungsbeginn waren nur gering und besserten sich im Laufe der Behandlung, so daß sie zuletzt einen BFT von 95 Punkten, keine Schmerzen und keine Morgensteifigkeit mehr aufwies.

Drei Erhebungsbögen wurden unvollständig ausgefüllt zurückgesandt. Wegen der nur vereinzelt fehlenden Informationen erscheint ein Versehen beim Ausfüllen wahrscheinlich. Eine Ermittlung des Hauptzielparameters war in diesen Fällen jedoch nicht möglich. In der CO_2-Gruppe fehlte für die 3-Monats-Nachbeobachtung bei einem Patienten die SI-Angabe; seine übrigen Meßgrößen lagen deutlich unterhalb der mittleren Gruppenergebnisse. In der Rn-Gruppe blieben beim 6-Monats-Follow-up einmal die Schmerz- sowie einmal die Schmerz- *und* Beweglichkeitsfragen unbeantwortet. Beide betreffenden Patienten wiesen nach 3 Monaten Meßwerte deutlich oberhalb der mittleren Gruppencharakteristika auf.

Das Nebenzielkriterium der Studie lag für 59/60 Patienten zu beiden Nachbeobachtungsterminen vor.

Analyse der Zielkriterien

Situation zu Behandlungsende

Der Komplexparameter wies am Ende des stationären Aufenthalts in der Rn-Gruppe 12,3 [95%-KI: 6,4 ; 18,2], in der CO_2-Gruppe 7,3 [95%-KI: 2,5 ; 12,2] Einheiten auf. Beide Gruppen zeigten deutliche Behandlungseffekte (e_{Rn} = 0,8 ; e_{CO2} = 0,6), ohne daß sich signifikante Wirksamkeitsunterschiede nachweisen ließen ($\Delta KP = KP_{Rn} - KP_{CO2}$ = 5,0 [95%-KI: -2,5 ; 12,4], p = 0,13, s. Tab. 5).

Die als klinisch relevant betrachtete Änderung von 8 Punkten wurde in der Rn-Gruppe deutlich überschritten, in der CO_2-Gruppe knapp verfehlt.

Ergebnisse der Nachbeobachtung

Eine Verbesserung gegenüber dem Ausgangswert und ein Vorteil gegenüber der CO_2-Gruppe waren in der Rn-Gruppe über die gesamte Nachbeobachtungszeit von 6 Monaten nachzuweisen (Abbildung 1).

Die KP-Werte in der Rn-Gruppe betrugen nach 3 Monaten 7,3 [95%-KI: 0,8 ; 13,8] Einheiten, nach 6 Monaten 5,5 [95%-KI: -1,4 ; 12,5] Einheiten. Die Behandlung zeigt somit trotz abklingender Effektstärken ($e_{3\,Mon}$ = 0,4 bzw. $e_{6\,Mon}$ = 0,3) eine immerhin noch nach einem halben Jahr zu beobachtende Langzeitwirkung, während die CO_2-Gruppe auf Werte unterhalb ihres Ausgangsniveaus zurückkehrte (KP_{CO2} = -0,5 [95%-KI: -8,3 ; 7,4] nach 3 Monaten bzw. KP_{CO2} = -4,7 [95%-KI: -11,9 ; 2,5] nach 6 Monaten).

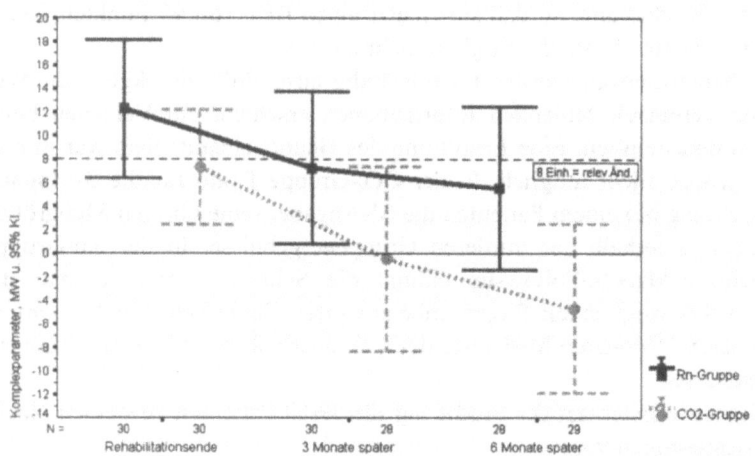

Abbildung 1: Verlauf des Komplexparameters in den Therapiegruppen nach Abschluß der stationären Rehabilitation (95%-Konfidenzintervall für die mittlere Prä-Post-Veränderung in den Gruppen)

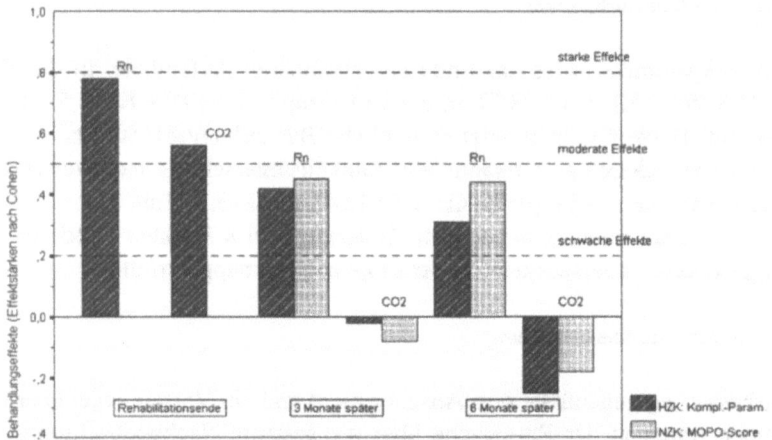

Abbildung 2: Behandlungseffekte (Prä-Post-Veränderung bezogen auf die zugehörigen Standardabweichungen) in den Therapiegruppen am Ende der stationären Rehabilitation und während der Nachbeobachtung (HZK = Hauptzielkriterium; NZK = Nebenzielkriterium)

Abbildung 2 zeigt die Behandlungseffekte für Haupt- und Nebenzielparameter in beiden Therapiegruppen.

Im Laufe der Nachbeobachtung wurden die Unterschiede in den Zielparametern der Gruppen deutlicher als am Ende der stationären Rehabilitation. Nach

3 Monaten ließ sich zunächst ein tendenzieller Vorteil der Rn-Gruppe für das Hauptzielkriterium erkennen (ΔKP = 7,7 [95%-KI: -2,2 ; 17,7], p = 0,11). Die subjektiv empfundenen Beeinträchtigungen waren in der Rn-Gruppe bereits signifikant geringer als in der CO_2-Gruppe (ΔMOPO = 0,47 [95%-KI: 0,03 ; 0,90], p = 0,03, s. Tab. 5).

Nach 6 Monaten waren signifikante Gruppenunterschiede sowohl im Komplexparameter (ΔKP = 10,23 [95%-KI: 0,45 ; 20,02], p = 0,04) als auch beim MOPO-Score (ΔMOPO = 0,58 [95%-KI: 0,08 ; 1,08], p = 0,03) nachzuweisen (s. Tab. 5).

Für den MOPO-Score wurden in der Rn-Gruppe Effektstärken von e = 0,4 zu beiden Nachbeobachtungszeitpunkten gesehen, was einer anhaltenden Verbesserung um 0,4 Punkte gegenüber dem Ausgangswert von 6,27 entsprach. In der CO_2-Gruppe wurden keine andauernden positiven Effekte, sondern ein gleichbleibender Trend zu einer leichten Verschlechterung gefunden.

Sensitivitätsanalysen

- Die erste Sensitivitätsanalyse untersuchte den Einfluß der approximierten BFT-Werte in der Nachbeobachtung. Dazu wurde der Komplexparameter mit den Patienten-BFT-Werten ermittelt und zwischen den Behandlungsgruppen verglichen. Bei insgesamt geringeren Werten ergab sich zu Behandlungsende ein Gruppenunterschied von KP = 7,4 Einheiten [95%-KI: -2,7 ; 17,6], (p = 0,13). Für beide Nachbeobachtungen ließ sich eine signifikante Überlegenheit der Rn-Bäderserie zeigen. Nach 3 Monaten betrug die Differenz zwischen den Gruppen ΔKP = 12,1 Einheiten [95%-KI: 0,5 ; 23,7] (p = 0,03), nach 6 Monaten sogar ΔKP = 13,7 [95%-KI: 1,5 ; 26,0] (p = 0,02).
- Die zweite Sensitivitätsanalyse zielte auf potentielle Verzerrungen der Studienergebnisse durch fehlende Daten. Dazu wurde im Fall der vollständig fehlenden Nachbeobachtung der KP-Wert der Abschlußuntersuchung als gültig angenommen, was einer Effektüberschätzung in der CO_2-Gruppe gleichkommt. Die fehlenden KP der beiden Patienten aus der Rn-Gruppe wurden durch den Gruppenmittelwert substituiert, was unter Berücksichtigung ihrer vorliegenden Daten (siehe oben: Dokumentation der Datenverluste) eine Effektunterschätzung in der Rn-Gruppe bedeutet. Der Gruppenunterschied blieb auch in der Sensitivitätsanalyse mit p = 0,049 signifikant.
- Eine dritte Sensitivitätsanalyse wurde durchgeführt, um den Einfluß von Medikationsänderungen während der Nachbeobachtung zu untersuchen. Lediglich 28 Patienten (16 aus der Rn-Gruppe und 12 der CO_2-Gruppe) waren in ihrer Medikation unverändert geblieben. In einer zweifaktoriellen Vari-

anzanalyse (55/60 Patienten mit vollständigen Angaben) wurden dazu die Gruppenzugehörigkeit und die veränderte medikamentöse Einstellung berücksichtigt. Für beide Zielkriterien ließ sich nach 6 Monaten weder ein signifikanter Einfluß der medikamentösen Umstellung noch eine signifikante Wechselwirkung zwischen beiden Faktoren nachweisen. Der Unterschied zwischen den Therapiegruppen war dagegen signifikant. Tabelle 5 enthält die zugehörigen Varianztabellen.

Die Resultate der Sensitivitätsanalysen stimmen mit denen der konfirmatorischen Analyse überein. Daher kann davon ausgegangen werden, daß die beobachteten Behandlungseffekte ursächlich mit der zu prüfenden Behandlung zusammenhängen und nicht auf einer Effektüberschätzung infolge von potentiellem Bias oder Confounding beruhen.

Nebenwirkungen der Behandlung traten bei keinem Patienten auf.

Variationsursache	SQ	FG	MQ	F	Signifikanz
Haupteffekte					
Therapie-Gruppe	1491,9	1	1491,9	4,2	*0,046*
Medikationsänderung	68,2	1	68,2	0,2	0,663
Wechselwirkung Gruppe x Medikation	175,3	1	175,3	0,5	0,486
Rest innerhalb der Beob.	17415,5	49	355,4	*Komplex-Parameter*	
Insgesamt	19297,9	52	371,1	*(n = 53, nach 6 Mon.)*	

Variationsursache	SQ	FG	MQ	F	Signifikanz
Haupteffekte					
Therapie-Gruppe	6,22	1	6,22	6,7	*0,013*
Medikationsänderung	0,02	1	0,02	0,0	0,894
Wechselwirkung Gruppe x Medikation	1,35	1	1,35	1,4	0,234
Rest innerhalb der Beob.	47,48	51	0,93	*MOPO-Veränderung*	
Insgesamt	55,00	54	1,02	*(n = 55, nach 6 Mon.)*	

Tabelle 5: Varianztabelle zur Medikationsänderung (Nachbeobachtungsphase)

Deskription weiterer Ergebnisse

Schmerzintensität (SI)

Die SI reduzierte sich in der Rn-Gruppe von 44,8 mm (Std.-Abw. 25,0) auf 30,0 mm VAS (Std.-Abw. 25,8 mm) am Ende des stationären Aufenthaltes. Auch nach 3 und 6 Monaten lagen die Verlaufswerte noch unterhalb der Ausgangswerte. In der CO_2-Gruppe war eine Besserung der SI von 38,6 mm (Std.-Abw. 20,2) auf 26,8 (Std.-Abw. 17,9) zu verzeichnen. Die Nachbeobachtungen ergaben jedoch Werte deutlich über dem Ausgangswert.

Keitel - Bewegungsfunktionstest

Für den BFT-Wert war in beiden Gruppen eine leichte Verbesserung bei Behandlungsende zu finden. Die Steigerung in der Rn-Gruppe erfolgte von im Mittel 70,5 Punkten (Std.-Abw. 18,0) auf 75,5 Punkten (Std.-Abw. 19,5). In der CO_2-Gruppe wurde ein Ausgangswert von 71,1 Punkten (Std.-Abw. 13,2) und ein Endwert von 73,4 Punkten (Std.-Abw. 14,2) beobachtet. Bei den Nachbeobachtungen blieb die Rn-Gruppe leicht oberhalb des Ausgangswertes. In der CO_2-Gruppe ging der Wert bereits nach 3 Monaten auf das Niveau des Ausgangswertes zurück.

Schmerzhäufigkeit (SH) und Morgensteifigkeit (MS)

Zu Behandlungsende wurde eine reduzierte Schmerzhäufigkeit von 14/30 Patienten der Rn-Gruppe sowie von 11/30 Patienten der CO_2-Gruppe angegeben. Die Morgensteifigkeit war bei 10/30 Patienten der Rn-Gruppe bzw. 8/30 Patienten der CO_2-Gruppe kürzer als zu Behandlungsbeginn. Während der Nachbeobachtung war die Situation bei beiden Meßgrößen in der Rn-Gruppe etwas positiver als in der CO_2-Gruppe.

Entzündungsaktivität

Die Prä-Post-Veränderungen der laborchemischen Entzündungsindikatoren am Ende der stationären Behandlung waren in beiden Gruppen gering.

Rn-Gruppe: BSG = 2,1 mm (Std.-Abw. 13,3); CRP = 1,16 (Std.-Abw. 8,42)
CO_2-Gruppe: BSG = -3,1 mm (Std.-Abw. 12,9); CRP = -4,88 (Std.-Abw. 13,37)

In der Nachbeobachtungsphase konnte nur die BSG erhoben werden. Auch hier zeigten sich lediglich geringe Veränderungen für beide Gruppen. Tabelle 6 weist die Gruppenunterschiede bezüglich der deskriptiven Meßgrößen am Behandlungsende und für die Nachbeobachtungen im Detail aus.

Meßgröße		Abschlußuntersuchung	nach 3 Monaten	nach 6 Monaten
ΔMW	KP	5,0 [-2,5 ; 12,4]	7,7 [-2,2 ; 17,7]	10,2 [0,4 ; 20,0]
ΔMW	MOPO	-	0,47 [0,03 ; 0,90]	0,58 [0,08 ; 1,08]
ΔMW	SI	-3,0 [-15,0 ; 8,9]	-10,8 [-24,9 ; 3,2]	-16,2 [-29,6 ; -2,8]
ΔMW	BFT	2,6 [-1,2 ; 6,4]	2,7 [-2,4 ; 7,8]	3,5 [-2,2 ; 9,3]
ΔMW	BSG	5,1 [-1,6 ; 11,9]	5,5 [-3,3 ; 14,3]	2,1 [-7,0 ; 11,1]
OR (Rn/CO_2) SH		1,5 [0,5 ; 4,2]	1,5 [0,5 ; 4,6]	4,2 [1,3 ; 13,0]
OR (Rn/CO_2) MS		1,4 [0,5 ; 4,2]	4,2 [1,2 ; 15,0]	1,2 [0,4 ; 3,9]

Tabelle 6: Gruppenunterschiede zwischen Rn- und CO_2-Gruppe (Mittelwertdifferenzen bzw. Odds ratios mit 95%-Konfidenzintervallen)

Subjektive Einschätzung von Wirksamkeit und Verträglichkeit

Die Gesamtbewertung der Behandlungseffekte durch den Arzt ergab eine mindestens "gute Wirksamkeit" in etwa 75% aller Fälle, nach der Patientenselbsteinschätzung lag die Quote sogar bei 85%. Die Verträglichkeit wurde in nahezu allen Fällen mit "gut" oder "sehr gut" bewertet.

Volle Übereinstimmung zwischen ärztlicher und Patientenbeurteilung war für ca. 60% aller Fälle zu finden. Abweichungen um mehr als 2 Stufen traten bei lediglich 2 Patienten auf. Dabei wurde vom Arzt eine "mäßige" Wirksamkeit attestiert, während die Patienten selbst die Wirksamkeit als sehr gut beurteilten.

Diskussion

Zusammenfassung und Einordnung der Ergebnisse

Radonbäder werden seit mehreren Jahrzehnten bei der Behandlung entzündlich-rheumatischer Erkrankungen angewandt. Subjektive Erfahrungen mit gelinderten Schmerzen und verbesserter Beweglichkeit der Gelenke führten zur weit verbreiteten Akzeptanz der ursprünglich rein empirisch begründeten Therapie. In prospektiven systematischen Beobachtungsstudien ließen sich Behandlungseffekte auch unter kontrollierten Bedingungen reproduzieren (Callies 1986).

Kontrollierte randomisierte Studien zum Nachweis ihrer Wirksamkeit existierten nach Kenntnis der Autoren allerdings nur für andere muskuloskelettale Krankheiten (Pratzel et al. 1993, Bernatzky et al. 1997, Lind-Albrecht und Droste 1997).

Die hier vorgestellte Untersuchung wurde durchgeführt, um die Wirksamkeit natürlicher Radon-CO_2-Bäder bei klassifizierter RA nachzuweisen und ihre Überlegenheit gegenüber künstlich hergestellten CO_2-Bädern gleicher CO_2-Konzentration in einer randomisierten und verblindeten klinischen Studie zu zeigen. Die zu prüfenden Badeserien waren jeweils in ein standardisiertes komplexes Therapieprogramm im Rahmen einer stationären Rehabilitation eingebettet und stellten den einzigen (systematischen) Unterschied in den applizierten Behandlungen dar. Nur mit dieser Methodik, die neben der Regiegleichheit der Behandlungsgruppen auch ihre Struktur- und Beobachtungsgleichheit sichert und für gleiche Wirkungen von potentiellen Störfaktoren auf beide Gruppen sorgt, läßt sich ein kausaler Zusammenhang zwischen der Radon-Wirkung und den beobachteten Effekten nachweisen. Die im Ergebnis der Randomisierung entstandenen Gruppen waren in den soziodemografischen und erkrankungsspezifischen Merkmalen sowie der Ausgangssituation der Wirksamkeitsparameter vergleichbar.

Das komplexe Behandlungsprogramm (einschließlich der applizierten Bäder) erwies sich als effektiv sowohl hinsichtlich der Schmerzreduzierung und dem Zuwachs an Beweglichkeit als auch mit Blick auf Alltagseinschränkungen der Patienten. Aufgrund deutlicher Behandlungseffekte in beiden Gruppen ließen sich potentielle therapeutische (Zusatz-)Effekte der Radon-Behandlung bei der einbezogenen Anzahl an Patienten am Ende der Rehabilitation nicht statistisch sichern. Dies war insofern nicht anders zu erwarten, als in beiden Gruppen eine effektive und auf die Spezifika des RA-Patienten gerichtete Therapie stattfand. Innerhalb der Nachbeobachtungsphase vergrößerten sich die Gruppenunterschiede zugunsten der Rn-Gruppe. Nach 6 Monaten waren signifikante Effektunterschiede nachweisbar. Die Behandlung mit Rn-CO_2-Bädern führte sowohl zu ausgeprägteren als auch zu länger anhaltenden Behandlungseffekten als die mit CO_2-Bädern. Aufgrund des Studiendesigns ist der signifikante Vorteil der Rn-Gruppe gegenüber der Referenz-Gruppe mit hoher Wahrscheinlichkeit dem Radongehalt im Badewasser zuzurechnen.

Diskussion der Zielparameter

Traditionell wurden zur Beurteilung von Behandlungseffekten bei RA vorwiegend klinische und laborchemische Charakteristika herangezogen. Die große Zahl unterschiedlicher Meßgrößen war zum Teil wohl ein Resultat der mehrdimensionalen Behandlungsziele bei RA, widerspiegelt aber auch die Probleme, einen allgemein akzeptierten, veränderungssensitiven und validen Zielparameter zu finden. Dieser ist zum einen aus Gründen der Ergebnisinterpretation wünschenswert, da mit seiner prospektiven Festlegung die Studienfrage trotz gegebenenfalls widersprüchlicher Einzelergebnisse eindeutig zu beantworten ist; zum anderen wird das methodische Problem des multiplen Testens umgangen.

Für die vorgestellte Untersuchung wurde als Hauptzielkriterium ein Komplexparameter ("composite measure") eingesetzt. Er rekrutierte sich aus den Veränderungswerten von Schmerzintensität, Bewegungsfunktionstest (beide in einer Wichtung von je 35%), Schmerzhäufigkeit (in einer Wichtung von 20%) und morgendlicher Gelenksteifigkeit (in einer Wichtung von 10%). Die Auswahl der einbezogenen Meßgrößen und ihre unterschiedlichen Gewichte wurden unter dem Gesichtspunkt der rehabilitativen Zielstellung der Behandlung, der Relevanz für den Patienten und der Veränderungssensitivität der Meßgrößen festgelegt.

In der Literatur (z.B. Felson et al. 1990, van der Heijde et al. 1991) wurden Vorzüge und Nachteile solcher "composite measure" oder "pooled indices" wiederholt diskutiert. Van der Heijde et al. (1989) schlugen einen "disease activity index" vor, um die diagnostische Einschätzung der Krankheitsaktivität vor Therapieentscheidungen in der klinischen Praxis zu objektivieren. Der von Boers et al. (1997) berichtete Index wurde wie der hier verwendete Komplexparameter als Zielkriterium in einem Wirksamkeitsvergleich genutzt und basierte auf der Zusammenfassung der Veränderungswerte von 5 Meßgrößen. Smythe et al. (1977) beschrieben das Zusammenfassen ("Poolen") von Einzelmessungen als eine validierte Methode, um eine höhere Veränderungssensitivität zu erreichen.

Ein Spezifikum der vorgestellten Studie stellte die BFT-Messung dar. Der BFT ist von Keitel et al. (1971) so konzipiert worden, daß er von medizinisch ausgebildetem Personal anzuwenden ist. Eine Eigenmessung durch die Patienten wurde jedoch in der Nachbeobachtungsphase erforderlich. Die in die konfirmatorische Auswertung eingegangenen BFT-Werte 3 bzw. 6 Monate nach Behandlungsende waren approximative Arzt-BFT-Werte, die anhand eines Regressionsmodells errechnet wurden. Das gewählte Vorgehen und seine Resultate sollen nachfolgend beschrieben werden.

Die während der Rehabilitation vorgenommenen BFT-Messungen ergaben zu allen 4 Meßzeitpunkten niedrigere Patienten- als Arztbewertungen. Die Abweichungen waren auf obere und untere Extremitäten gleichmäßig verteilt und im Mittel gering (2,7 - 4,0 Punkte zu den einzelnen Beobachtungszeitpunkten). Die Korrelationskoeffizienten nach Pearson ergaben Werte von 0,88 - 0,93. Die größte Korrelation wurde bei den Untersuchungen nach 3 Wochen und am Ende der stationären Rehabilitation erreicht.

Anhand der Werte des Arzt- und Patienten-BFT bei der Abschlußuntersuchung wurde das folgende Regressionsmodell berechnet:

Arzt-BFT = $b_0 + b_1 \cdot$ Patienten-BFT mit $b_0 = 16{,}7$ [95%-KI: 10,2 ; 23,1]
und $b_1 = 0{,}82$ [95%-KI: 0,73 ; 0,91]

Abbildung 3 zeigt die lineare Abhängigkeit zwischen beiden BFT-Werten und gibt außerdem das 95%-Konfidenzband für die Prognose des Arzt-BFT-Wertes in Abhängigkeit vom individuellen Patienten-BFT an.

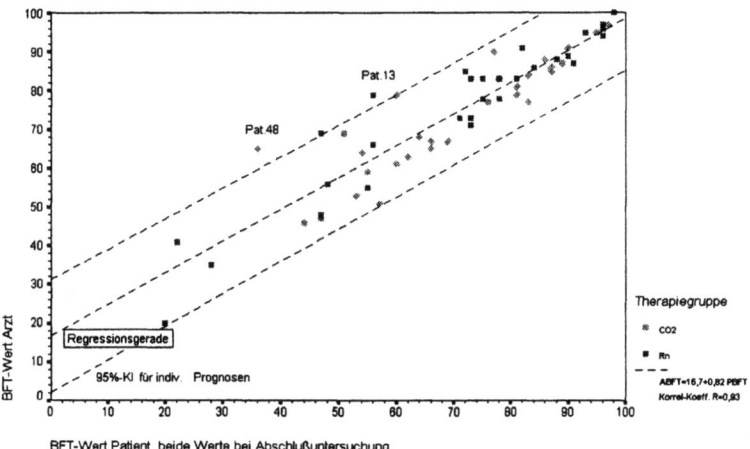

Abbildung 3: Regressionsmodell für die Approximation der BFT-Werte während der Nachbeobachtung (KI = Konfidenzintervall; A-/P-BFT = Arzt- bzw. Patienten-BFT)

Für lediglich je einen Patienten pro Gruppe lagen die Arzt-BFT-Werte oberhalb dieses Vertrauensbereiches. Damit war ein Einfluß auf die Gruppendifferenzen eher unwahrscheinlich. Die bereits während der Rehabilitation beobachtete Unsicherheit beider Patienten bei der BFT-Durchführung führte zudem eher zu einer Unter- als Überschätzung der Behandlungseffekte.

Die Analyse bezüglich Verletzungen der Verfahrensvoraussetzungen oder dem Einfluß einzelner Fälle auf die Modellierung ergab keine Auffälligkeiten. Durch das Modell ließen sich 86% der Varianz erklären, die die Arzt-BFT-Werte aufwiesen. Die Patienten-BFT-Werte stellten somit einen sehr guten Prädiktor für die Arzt-BFT-Werte dar und rechtfertigten die BFT-Erhebung auf postalischem Weg nach einer ausführlichen Instruktion der Patienten. Auch die konsistenten Ergebnisse der Sensitivitätsanalyse mit den Patienten BFT-Werten stützen die gewählte Methode der Datengewinnung.

In den letzten 10 Jahren wurden verstärkt Bemühungen unternommen, eine Standardisierung bezüglich der bei RA geeigneten Meßgrößen zu erreichen (u.a. Anderson et al. 1989, Felson et al. 1990,1993, Buchbinder et al. 1995). Auf diese Weise lassen sich Ergebnisse von unterschiedlichen Studien besser vergleichen und gegebenenfalls metaanalytisch zusammenfassen. Das American College of Rheumatology publizierte 1993 eine Empfehlung zu geeigneten Outcome-Parametern in klinischen Studien bei RA (Felson et al. 1993). Neben Gelenkindices, einem Akute-Phase-Reaktant und globalen Gesundheitseinschätzungen durch Arzt und Patient wurden Patienten-Selbstbeurteilungen von Schmerz und Funktionskapazität in den Satz der Basiskriterien aufgenommen.

Die in neueren Studien zunehmend eingesetzten Assessmentverfahren zu Funktionskapazität, Alltagsbeeinträchtigungen und gesundheitsbezogener Lebensqualität (u.a. HAQ, AIMS, FFbH, NHP) sind für den Nachweis von Rehabilitationseffekten besonders relevant. Sie erlauben die Beschreibung von funktionellen und sozialen Beeinträchtigungen und somit von Behandlungseffekten, die über die somatischen Veränderungen hinausgehen. Der als Nebenzielkriterium eingesetzte MOPO-Fragebogen stellte unter diesem Gesichtspunkt eine sinnvolle Ergänzung zu dem somatisch orientierten Hauptzielparameter dar und erwies sich als sensitiver bei der Entdeckung von Effektunterschieden.

Literatur

Amelung W, Hildebrandt G. Balneologie und medizinische Klimatologie (Band 2: Balneologie). Springer Verlag, Berlin, Heidelberg, New York, Tokio (1985)

Anderson JJ, Felson DT, Meenan RF, Williams J. Which traditional measures should be used in rheumatoid arthritis clinical trails? Arthritis Rheum. 32 (1989) 1093-1099

Andrejew SV, Semjonow BN, Tauchert D. Zum Wirkungsmechanismus von Radonbädern auf den Organismus. Abhandlungen der Sächsischen Akademie der Wissenschaften zu Leipzig. Mathematisch-Naturwissenschaftliche Klasse, Band 57, Heft 1. Akademie-Verlag, Berlin (1989) 107-114

Bernatzky G, Graf A-H, Saria A, Lettner H, Hofmann W, Adam H, Leiner G. Schmerzhemmende Wirkung einer Kurbehandlung bei Patienten mit Spondylarthritis Ankylopoetica. In: Radon in der Kurortmedizin (Hrsg.: Pratzel HG, Deetjen P). ISMH Verlag, Geretsried (1997) 144-157

Boers M, Verhoeven AC, Markusse HM, van de Laar MAFJ, Westhovens R, van Denderen JC et al. Randomised comparison of combined step-down prednisolone, methotrexate and sulphasalazine with sulphasalazine alone in early rheumatoid arthritis. Lancet 350 (1997) 309-318

Buchbinder R, Bombardier C, Yeung M, Tugwell P. Which outcome measures should be used in rheumatoid arthritis clinical trials? Clinical and quality-of-life measures' responsiveness to treatment in a randomized controlled trial. Arthritis Rheum. 38 (1995) 1568-1580

Callies R. Radonbädertherapie bei entzündlichen rheumatischen Erkrankungen. In: Abhandlungen der Sächsischen Akademie der Wissenschaften zu Leipzig. Mathematisch Naturwissenschaftliche Klasse, Band 57, Heft 1. Akademie-Verlag, Berlin (1989) 133-134

Callies R. Rheumatologische Physiotherapie. Gustav Fischer Verlag Jena (1986)

Cohen J. Statistical power analysis for the behavioral sciences. Academic Press, New York, San Francisco, London (1977)

Deetjen P. Radon-Balneotherapie - neue Aspekte. Phys. Rehab. Kur Med. 2 (1992) 100-103

Dörtelmann W (Hrsg.). Zweites Bad Kreuznacher Protokoll zum Stand der Radontherapie. Bad Kreuznacher Balneologische Schriftenreihe, Heft 5 (1992)

Felson DT, Anderson JJ, Boers M, Bombardier C, Chernoff M, Fried B et al. The American College of Rheumatology preliminary core set of disease activity measures for rheumatoid arthritis clinical trials. The Committee on Outcome Measures in Rheumatoid Arthritis Clinical Trials. Arthritis Rheum. 36 (1993) 729-740

Felson DT, Anderson JJ, Meenan RF. Time for changes in the design, analysis, and reporting of rheumatoid arthritis clinical trials. Arthritis Rheum. 33 (1990) 140-149

Jäckel W, Cziske R, Schochat T, Jacobi E. Messung der körperlichen Beeinträchtigung und der psychologischen Konsequenzen (patient outcome) bei rheumatoider Arthritis. Akt. Rheumatol. 10 (1985) 43-52

Jensen MP, Karoly P, Braver S. The measurement of clinical pain intensity: a comparison of six methods. Pain 27 (1986) 117-126

Jöckel H. Praktische Erfahrungen mit der Radontherapie. In: Radon in der Kurortmedizin (Hrsg.: Pratzel HG, Deetjen P). ISMH Verlag, Geretsried (1997) 84-91

Keitel W, Hoffmann H, Weber G, Krieger U. Ermittlung der prozentualen Funktionsverminderung der Gelenke durch einen Bewegungsfunktionstest in der Rheumatologie. Dtsch. Gesundheitswesen 26 (1971) 1901-1903

Keitel W. Das Messen in der Rheumatologie - Probleme der Standardisierung und Verläßlichkeit. Akt. Rheumatol. 13 (1988) 43-46

Kohlmann T, Raspe H. Die patientennahe Diagnostik von Funktionseinschränkungen im Alltag. Psychomed. 6 (1994) 21-27

Lind-Albrecht G, Droste U. Zusatzeffekt der Radonstollentherapie im Rahmen der stationären Rehabilitation bei Spondylitis ankylosans: eine kontrollierte Studie mit prä-, post- und follow-up-Untersuchung. In: Radon in der Kurortmedizin (Hrsg.: Pratzel HG, Deetjen P). ISMH Verlag, Geretsried (1997) 164-168

Matthesius RG, Jochheim KA, Barolin GS, Heinz C. ICIDH -international classification of impairments, disabilities and handicaps. Ullstein Mosby, Berlin (1995)

Otto W, Seidel K, Wessel G. Rheumatische Erkrankungen, 2. Auflage. Verlag Volk und Gesundheit, Berlin (1977) p. 44

Peter A, Vulpe B. Reaktionsdynamik von Entzündungsproteinen und T-Lymphozyten unter einer Radonkur. Z. Physiother. 41 (1989) 211-214

Pratzel HG, Artmann C. Das Immunorgan Haut im Rahmen der Balneologie. Z. Phys. Med. Baln. Med. Klim. 19 (1990) 325-331

Pratzel HG, Schnizer W. Handbuch der Medizinischen Bäder: Indikationen - Anwendungen - Wirkungen. Haug Verlag, Heidelberg (1992)

Pratzel HG, Legler B, Aurand K, Baumann K, Franke Th. Wirksamkeitsnachweis von Radonbädern im Rahmen einer kurortmedizinischen Behandlung des zervikalen Schmerzsyndroms. Phys. Rehab. Kur Med. 3 (1993) 76-82

Pratzel H, Deetjen P (Hrsg.). Radon in der Kurortmedizin. ISMH Verlag, Geretsried (1997)

Price DD, Mc Grath PA, Rafii A, Buckingham B. The validation of visual analogue scales as ratio scale measures for chronic and experimental pain. Pain 17 (1983) 45-56

Seichert N. Zur Problematik der Radon-Balneotherapie. Phys. Rehab. Kur Med. 2 (1992) 157-160

Smythe HA, Helewa A, Goldmith CH. "Independent assessor" and "pooled index" as techniques for measuring treatment effects in rheumatoid arthritis. J. Rheumatol. 4 (1977) 144-152

Soto J. Effects of radon on the immune system. In: Radon in der Kurortmedizin (Hrsg.: Pratzel HG, Deetjen P). ISMH Verlag, Geretsried (1997) 103-113

Treutler H. Röntgenologische Diagnostik. In: Rheumatoid-Arthritis, eine systemische Erkrankung (Hrsg.: Häntzschel H, Otto W, Nassonova VA). Johann Ambrosius Barth Verlag, Leipzig, Berlin, Heidelberg (1992) 208-216

van der Heijde DM, van't Hof MA, van Riel PL, Theunisse LA, Lubberts EW, van Leeuwen MA, van Rijswijk MH, van de Putte LB. Judging disease activity in clinical practice in rheumatoid arthritis: first step in the development of a disease activity score. Ann. Rheum. Dis. 49 (1990) 916-920

van der Heijde DM, van Riel PL, van't Hof MA, van de Putte LB. Comment on the article by Felson et al. (s.o.). Arthritis Rheum. 34 (1991) 124-125

Vulpe B, Zielke A, Häntzschel H, Tautenhahn B. Klinische Langzeitbeobachtungen nach Kurorttherapie auf Radonbasis bei Rheumatoid Arthritis (RA) und Spondylitis ankylosans (SPA). In: Abhandlungen der Sächsischen Akademie der Wissenschaften zu Leipzig. Mathematisch-Naturwissenschaftliche Klasse, Band 57, Heft 1. Akademie-Verlag, Berlin (1989) 138-142

Zielke A, Vulpe B. Was leistet eine Radon-CO_2-Bäder-Monotherapie bei Rheumatoid Arthritis und Spondylitis ankylosans? In: Abhandlungen der Sächsischen Akademie der Wissenschaften zu Leipzig. Mathematisch-Naturwissenschaftliche Klasse, Band 57, Heft 1. Akademie-Verlag, Berlin (1989) 135-137

Adresse: Dr. med. Lothar Reiner
Klinik Bad Brambach
D-08648 Bad Brambach

Schmerzstillender Langzeiteffekt durch Radonbäder bei nicht entzündlichen rheumatischen Erkrankungen

H. G. Pratzel[1], B. Legler[1], S. Heisig[1], G. Klein[2]

[1] Institut für Medizinische Balneologie und Klimatologie, Ludwig-Maximilians-Universität, München
[2] Klinik Frankenwarte, Bad Steben

Zusammenfassung

Patienten mit zervikalem und lumbalem Schmerzsyndrom wurden in zwei unabhängigen, randomisierten und kontrollierten Doppelblindstudien auf eine schmerzlindernde Wirkung von radonhaltigen Bädern untersucht. 46 Patienten (in Schlema) bzw. 52 Patienten (in Bad Steben) erhielten 8 oder 9 Bäder innerhalb von 3 Wochen. Die Radonbäder hatten eine Aktivitätskonzentration von durchschnittlich 3 kBq/l in Schlema und 0,8 kBq/l in Bad Steben. Wöchentlich im Laufe der 4-wöchigen Kur sowie 2 und 4 Monate nach Kuranfang wurde die Schmerzempfindlichkeit auf Druck an 16 typischen myofascialen Punkten gemessen. Zusätzlich wurden das subjektive Schmerzempfinden (VAS), das Allgemeinbefinden und der Ruhe- und Bewegungsschmerz registriert. Während der Kurbehandlung besserten sich alle Parameter ohne Unterschied in den beiden Gruppen. Nach Abschluß der Kur setzten jedoch bei der Placebo- (Leitungswasser-) Gruppe die vorherigen schmerzbezogenen Beschwerden allmählich wieder ein. Bei den Radongruppen gingen nach der Kur die schmerzhaften Beschwerden weiter zurück und waren zwei und vier Monate nach Therapiebeginn gegenüber denen der Placebogruppe signifikant verbessert. Die übereinstimmenden Ergebnisse von zwei unabhängigen Studien belegen die aus der Erfahrung bekannten schmerzlindernden Wirkungen der Radonbäder.

Einleitung

Die bewußte therapeutische Verwendung von Radon begann etwa mit der Jahrhundertwende. Sie geht auf die Beobachtung zurück, daß die Bergarbeiter in Joachimstal – trotz gleichartig ungünstig erscheinenden Arbeitsbedingungen wie in anderen Bergwerken - auffallend weniger an rheumatischen Beschwerden litten. Seit dieser Zeit haben Rheumatologen und Balneologen eindrucksvolle Erfahrungen gesammelt und sowohl bei der Anwendung künstlich erzeugten

Radons aus Radiumquellen als auch natürlicher Radonvorkommen in Form von Wasser- und Luftbädern, von Trinkkuren und Inhalationen klinische Erfolge erbracht, über die in zahlreichen Publikationen (Enders 1930, Engelmann 1953, Schoger 1962, Morinaga 1988, Deetjen 1992, Dafinova 1995) und ebenso in alten und neuen Lehrbüchern (z.B. Hildebrandt 1985) berichtet wurde. Radonbäder können die Einnahme von Medikamenten bei der Behandlung entzündlich-rheumatischer Erkrankungen reduzieren oder hinauszögern (Morinaga 1988).

Von einer Radonbehandlung sind bisher keine Nebenwirkungen beschrieben oder bekannt geworden. Nach Angaben von Oshima (1954) haben in dem seit 800 Jahren bekannten Bad Misasa (Japan) die heißen Quellen, in denen die Bevölkerung mehrmals täglich badete, eine Radonkonzentration von bis zu 162,8 kBq/l (Messung 1953: 9,5 kBq/l bei 65°C, an den meisten anderen Stellen <700 Bq/l, Morinaga 1988), ohne daß vermehrte Mißbildungen, eine erhöhte Krebshäufigkeit, vermehrte Sterilität oder ein abnormes Blutbild bei der Bevölkerung gefunden worden wäre. Morinaga (1988) berichtet im Gegenteil sogar über eine signifikant verminderte Krebssterblichkeit von 3,66% gegenüber 6,68% in den Nachbarorten.

Bei der Radontherapie werden die niedrigsten Strahlendosen im Vergleich zu anderen diagnostischen und therapeutischen radiologischen Verfahren angewendet (Andrejew 1973, Schoger 1962). In diesem Dosisbereich wurde niemals ein erhöhtes Strahlenrisiko nachgewiesen.

Als Grundlage der Radontherapie gelten folgende bisher für niedrig dosierte Alphastrahlung tierexperimentell und in vitro nachgewiesenen Wirkungen: entzündungshemmend (Frick und Pfaller 1988), immunmodulierend (Egg et al. 1984), Hemmung der Zellteilung (Pfaller et al. 1984), Aktivierung der Repair-Mechanismen (Frick und Pfaller 1990, Pohl-Rüling et al. 1979, Tuschl und Klein 1984), Steigerung der Strahlenresistenz (Burkart 1990).

Heute benötigt jede Therapie zu ihrer Rechtfertigung den nach wissenschaftlichen Kriterien durchgeführten klinischen Nachweis ihrer Wirksamkeit. Unter den wissenschaftlich anerkannten Studienanordnungen hat die randomisierte Doppelblindstudie einen besonders hohen Stellenwert.

In dieser Arbeit wird über zwei unabhängig durchgeführte randomisierte und kontrollierte klinische Doppelblindstudien zur Frage der Wirksamkeit von Radonbädern während und nach einer kurmedizinischen Behandlung berichtet. Hierzu lagen nach einem international anerkannten Standard ausgearbeitete GCP-konforme Studienpläne vor (GCP: "Good Clinical Practice", eine Norm für Arzneimittelstudien nach den Europäischen Arzneimittelprüfrichtlinien). Eine Studie wurde im ehemaligen und jetzt im Wiederaufbau befindlichen Kurort Schlema/Sachsen durchgeführt und eine weitere im bayerischen Radonheilbad

Bad Steben. Radonbäder sind für einen Doppelblindversuch besonders geeignet, weil man diese weder am Geruch noch an der Farbe oder am Geschmack von Leitungswasserbädern unterscheiden kann. Ähnlich aufgebaute Studien zum Nachweis der Wirksamkeit des Radons sind in der deutschsprachigen Literatur bisher nicht beschrieben worden.

Patienten und Methode

Studiendesign

Die vorliegenden Studien wurden entsprechend den Richtlinien des AMG auf der Grundlage eines detaillierten Prüfplanes als randomisierte Doppelblindstudien im Parallelgruppenvergleich (1:1) durchgeführt. Es wurden von den Hausärzten in Schlema 46 Patienten, in Bad Steben 52 Patienten nach den Ein- und Ausschlußkriterien ausgewählt. Durch Blockrandomisierung wurden mittels Zufallsgenerator Randomisierungslisten entsprechend der Patientenzahlen erstellt und nach Placebo und Verum differenziert. In Schlema bereitete eine Vertrauensperson, die weder mit den Behandlern noch den Patienten in Kontakt kam, nach diesem Code entsprechende Kanister mit Radonkonzentrat oder Leitungswasser vor. In Bad Steben bekamen die Patienten eine Karte mit einem verschlüsselten Strichcode, mit dem über einen vor der Badekabine installierten Barcodeleser der entsprechend dem Code programmierte Zulauf von Radonwasser (Tempelquelle) oder Leitungswasser ausgelöst werden konnte.

Bei 42 Patienten in Schlema und 52 Patienten in Bad Steben lag ein zervikales Schmerzsyndrom mit degenerativen Veränderungen an der HWS, in Bad Steben auch an der LWS oder an großen Gelenken vor.

Dabei wurde auf eine weitere Differenzierung nach unterschiedlichen Ursachen des zervikalen Schmerzsyndroms verzichtet, weil auf Grund der bisher beschriebenen Anwendungsbeobachtungen davon ausgegangen werden konnte, daß für die schmerzsenkende Wirkung des Radons das Indikationsspektrum sehr breit ist und die schmerzhaften Beschwerden mit einer pathologisch erhöhten Schmerzwahrnehmung verknüpft sind. Patienten mit ausgeprägtem Wurzelreizsyndrom nahmen deshalb an der Studie nicht teil.

In Schlema reisten die Patienten alle zum gleichen Zeitpunkt an und wurden parallel (aus technischen Gründen in zwei Gruppen - unabhängig von der Prüfsubstanz - um einen Tag versetzt) behandelt. In Bad Steben nahmen Patienten der näheren Umgebung teil, die zwischen den Bäderbehandlungen ihren gewohnten Tätigkeiten nachgingen.

Einschlußkriterien

- Alter: 45-72 Jahre (in Schlema), 18-75 Jahre (in Bad Steben) beiderlei Geschlechts
- Diagnose (in Schlema): Rezidivierendes zervikales Schmerzsyndrom über zumindest 1 Jahr, charakterisiert durch Nackenschmerzen und/oder Schmerzausstrahlung in Schultern und/oder Hinterkopf
- Diagnose Bad Steben: Klinisch manifeste degenerative Erkrankung der Wirbelsäule und /oder der großen Gelenke
- Einverständniserklärung des Patienten gemäß §§ 40/41 AMG

Ausschlußkriterien

Schwangere und stillende Frauen, entzündliche Systemerkrankungen, klinisch relevante Herz- (z.B. Herzinsuffizienz Stadium NYHA III-IV), Kreislauf-, Nieren-, Leber-, Lungen-, ZNS-Erkrankungen, Muskel- und Skeletterkrankungen (die möglicherweise mit der Bewertung der Prüftherapie interferieren können), maligne Tumoren, bekannte Thromboseneigung, Alkohol- oder Medikamentenabusus.

Badeablauf

Die Badeserie bestand in Bad Steben aus insgesamt 8 und in Schlema aus insgesamt 9 Bädern, welche jeden zweiten Tag und am Wochenende jeden dritten Tag jeweils zur vergleichbaren Zeit verabreicht wurden. Die Ausgangstemperatur des Vollbades betrug dabei 36 - 37°C. Die Wanne wurde mit 150 Litern gefüllt, wobei der Patient bis zum Hals mit Wasser bedeckt war. Die Radonbäder hatten in Schlema eine Aktivitätskonzentration von 3 kBq/l, in Bad Steben von 0,8 kBq/l. Die Badedauer betrug 20 Minuten. Gebadet wurde jeweils im gleichen Raum, unter gleicher Aufsicht und etwa zur gleichen Tageszeit. Anschließend folgte eine Ruhepause von 30 Minuten.

Vorgehen bei den Visiten

Die Visiten erfolgten vor dem ersten Bad und jeweils nach einer Woche sowie zwei und vier Monate nach Beginn der Studie immer durch denselben Untersucher im gleichen Untersuchungszimmer. Dabei wurden alle Nebenwirkungen, interkurrente Erkrankungen, Begleittherapien und Wirksamkeitsparameter genau dokumentiert.

Wirksamkeitsparameter

Durch die Erfassung der Druckschmerzschwelle an Triggerpunkten mittels Dolorimetern läßt sich die Schmerzsensibilität eines Patienten, der im Rahmen einer degenerativen Gelenkerkrankung an einem myofaszialen Schmerzsyndrom leidet, ohne aufwendige apparative Untersuchungen quantifizieren.

Hauptzielgröße war deshalb die Druckschmerzschwelle an je acht bilateralen symmetrischen maximalen myofaszialen Schmerzpunkten (Triggerpunkte) und an einem individuell ausgewählten muskulären Maximalpunkt.

Als besonders handlich und zweckdienlich gilt das von Fischer in den 80er Jahren entwickelte und auf seine Verwendbarkeit überprüfte "Pressure Threshold Meter" (PTM, Fischer 1986, 1988). Der Gummimeßkopf ist flach und ca. 1 cm^2 groß. Die analoge Skala reicht mit Intervallen von 100 g bis zu 10 kg. Zur Ermittlung der Schmerzschwelle wird das PTM senkrecht auf die Hautoberfläche am palpierten Druckpunkt aufgesetzt. Der Untersucher steigert den Druck um ca. 100 g/sec bis der Patient Schmerzen verspürt. Daraufhin wird das Gerät sofort entfernt, und der erreichte Druck (die Anzeige bleibt auch nach Beendigung des Untersuchungsvorganges erhalten) kann abgelesen werden.

Die Schmerzschwellen können vom gleichen Untersucher in engen Grenzen reproduziert werden. Das PTM ist somit verläßlich und ein gutes Hilfsmittel zur Bestimmung der Schmerzschwelle und zur Beurteilung des damit korrelierenden Therapieerfolges.

Begriffserklärung und Lokalisation

Triggerpunkte sind palpable, sich selbst unterhaltende hyperirritable Foci, die in Muskulatur, Fascien, Haut, Narbengewebe, Periost, Gelenkkapseln oder Bändern auftreten können. Bei längerem Bestehen können sie auch nach Beseitigung der eigentlichen Ursache persistieren. Oft strahlen die dort maximal spürbaren Schmerzen aus.

Man unterscheidet aktive und latente Triggerpunkte. Aktive Triggerpunkte sind spontan schmerzhaft und können die Funktion des Muskels stark einschränken. Latente Triggerpunkte werden oft erst bei der Untersuchung aufgrund ihrer Druckschmerzhaftigkeit entdeckt. Sie sind nicht spontan schmerzhaft, können aber ebenfalls Kraft und Dehnbarkeit eines Muskels vermindern.

Myofasciale Triggerpunkte entstehen direkt (durch Überlastung, Fehlbelastung, inadäquate Bewegungsabläufe, andauernde Muskelkontraktionen, Traumata oder thermische Einflüsse) oder indirekt (durch andere Triggerpunkte, Erkrankungen von Skelettsystem und Gelenken, viszerale Erkrankungen, emotionale und psychische Einflüsse).

Unter dem Begriff Tenderpoint wird ein Bereich umschriebener Schmerzhaftigkeit verstanden, der in vielen Geweben auftreten kann und häufig in der Zone des übertragenen Schmerzes liegt. Das bedeutet, alle Triggerpunkte sind sogenannte Tenderpoints, nicht aber umgekehrt.

An dieser Stelle muß, um Mißverständnissen vorzubeugen, ausdrücklich darauf hingewiesen werden, daß es sich bei den in dieser Studie verwendeten Triggerpunkten um allgemeine Schmerztestpunkte handelt, die nicht immer mit den zur Diagnose der Fibromyalgie verwendeten Tenderpoints übereinstimmen.

Die Entstehung von Triggerpunkten ist bis jetzt noch nicht völlig geklärt. Nach Saller und Hellenbrecht (1991) können sie zumindest zu Beginn als neuromuskuläre Funktionsstörung betrachtet werden. Spannung und Energiebedarf im Gewebe sind erhöht, die Blutzufuhr ist vermindert, Stoffwechselprodukte akkumulieren. Dadurch werden die sensiblen Nervenendigungen im Bereich des Triggerpunktes irritiert, was seine Überempfindlichkeit sowie die Phänomene in der Ausstrahlungszone erklären könnte. Aber auch lokale Entzündungen mit nachfolgender Sensibilisierung werden diskutiert. Für eine entzündliche Komponente spricht die größere Wirksamkeit von örtlich applizierten Prostaglandinsynthesehemmern als von Lokalanästhetika.

Auffinden der Triggerpunkte

Sind aktive und passive Streckung eines Muskels schmerzhaft oder tritt Schmerz bei stärkerer isometrischer Anspannung auf, kann man vom Vorhandensein von Triggerpunkten ausgehen. Zur palpatorischen Untersuchung dehnt man die entsprechenden Muskelpartien bis knapp unter die Schmerzgrenze. Oft kann man im Verlauf des Muskels einen verhärteten Strang, das sogenannte "taut band" tasten. Der Triggerpunkt stellt in der Regel die empfindlichste Stelle dieses Muskelstranges dar. Meist löst mechanische Stimulation eine tastbare Muskelzuckung aus ("twitch response"). Bei entsprechend langer Palpation entsteht auch ein zugehöriger Projektionsschmerz ("referred pain"). Starker Druck führt oft zu unwillkürlichen Ausweichbewegungen des Patienten ("jumping sign"), die als sicheres Anzeichen für die Reizung eines Triggerpunktes gelten.

Der Schmerz am Triggerpunkt ist reproduzierbar. Thermographisch läßt sich oft eine umschriebene Temperaturerhöhung ("hot spot") nachweisen.

Nebenzielparameter

Zur Abschätzung der Plausibilität wurden Nebenzielparameter gewählt, die in ihrer Tendenz einen ähnlichen Verlauf wie der Hauptzielparameter zeigen müßten. Für statistische Aussagen bei der gewählten Fallzahl sind diese Nebenzielparameter nicht geeignet, da die betreffenden Standardabweichungen der Individualwerte zu hoch sind.

Die Patienten wurden zu jedem Visitentermin aufgefordert, ihre allgemeine subjektive Schmerzempfindung anhand einer 100 mm langen visuellen Analogskala anzugeben. Diese Skala war linksseitig gekennzeichnet mit: "kein Schmerz", rechtsseitig mit "extrem starker Schmerz" und zeigte sonst keine Markierungen.

Außerdem beurteilten die Patienten ihr allgemeines Befinden (sehr gut, gut, mittel, schlecht, sehr schlecht), die Schmerzhäufigkeit (kein Schmerz, nicht täglich, täglich aber nicht ständig, ständig jede Stunde) sowie die Schmerzintensität bei Ruhe und Bewegung an Hand der Auswahl einer von fünf Möglichkeiten (kein, leicht, mittel, stark und sehr starker Schmerz).

Verträglichkeitsparameter

Aufgetretene Nebenwirkungen und interkurrente Erkrankungen wurden zu den Visiten erfaßt und genau dokumentiert, ebenso die zusätzlich verordneten Medikamente.

Im Rahmen der Untersuchung am Kurende erfolgte eine globale Beurteilung der Verträglichkeit der Behandlung durch Arzt und Patient (sehr gut, gut, mäßig oder schlecht).

Untersuchungsmethode und -technik

Ausgegangen wurde von 8 bilateralen symmetrischen maximalen Schmerzpunkten (Abbildung 1) sowie einem zusätzlich vom Patienten angegebenen muskulären Maximalpunkt. Die Lagerung des Patienten zur Untersuchung erfolgte muskelentspannt und schmerzfrei.

Der Untersucher palpierte in den jeweiligen Schmerzzonen zunächst mehrere Druckpunkte. Der empfindlichste wurde ausgewählt. Entscheidend war dabei die Mitarbeit des Patienten, da er angeben mußte, wenn der Untersucher einen solchen Triggerpunkt getroffen hatte. Die maximalen Schmerzpunkte wurden nicht markiert und mußten bei jeder Visite neu bestimmt werden.

Zuerst erklärte der Untersucher dem Patienten das Algometer und verdeutlichte seine Funktionsweise durch Druckausübung auf z.B. den Unterarm. Dann erläuterte er, daß mit einer allmählichen Drucksteigerung der zur Schmerzauslösung notwendige Mindestdruck gemessen werden soll. Sobald unter der Druckstelle starkes Unbehagen oder Schmerz einsetzt, muß der Patient dieses durch ein deutliches "Ja" anzeigen. Danach erfolgte der eigentliche Meßvorgang: Das Algometer wurde senkrecht zur Hautoberfläche mit dem Gummikopf auf die ausgewählten Triggerpunkte gesetzt und der Druck gesteigert, bis der Patient Schmerzen verspürte und mit "Ja" antwortete. Hierauf entfernte der Untersucher das Gerät sofort und las den aufgewendeten Druck in kg/cm^2 von der Meßskala ab.

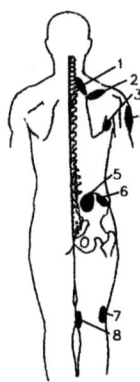

Abbildung 1: Untersuchte Schmerzzonen: 1. M. levator scapulae; 2. M. supraspinatus; 3. M. teres minor; 4. M. deltoideus; 5. M. gluteus max.; 6. M. gluteus medius; 7. M. bizeps femoris; 8. M. semimembranosus

Statistische Methoden

Für die Fallzahlabschätzung wurde die Standardabweichung der Individualwerte aus der Druckpunktmessung aufgrund von früheren Messungen mit 0,25 kg/cm^2 angesetzt. Als minimaler relevanter Therapieunterschied wurde 0,5 kg/cm^2 gewählt. Die für die Studie vorgegebene nominelle Irrtumswahrscheinlichkeit wurde auf p = 0,05 festgelegt.

Mit der Studie sollten zwei unabhängige Effekte des Kurerfolgs getestet werden, der Kureffekt am Ende der Kur und der Hafteffekt 2 und 4 Monate nach Kuranfang. Als Zielkriterium für die Evaluation des Kureffektes wurde festgelegt: "Median des Hauptzielparameters unmittelbar nach Abschluß der Behandlung". Als Zielkriterium für die Evaluation des Hafteffektes wurde festgelegt: "Median des Hauptzielparameters zwei und vier Monate nach Behandlungsbeginn".

Die Nullhypothese sowohl für den Kureffekt als auch für den Hafteffekt lautete: "Es besteht kein Unterschied zwischen beiden Behandlungsgruppen zu den ausgewählten kritischen Meßterminen". Alle Daten wurden zunächst mit Mitteln der deskriptiven Statistik untersucht. Als Testverfahren für die Hauptzielparameter wurde der U-Test von Mann & Whitney für Medianunterschiede zwischen den Behandlungsgruppen benutzt.

Aus den 8 bilateral gemessenen Druckpunkten wurde der Mittelwert zu jedem Meßzeitpunkt als Zielgröße gebildet. Der durchschnittliche Druck an den definierten Druckpunkten, der Druck am individuell unterschiedlich festgestellten maximalen Schmerzpunkt (außerhalb der vordefinierten Druckpunkte) und die subjektive Schmerzintensitätsbewertung mittels visueller Analogskala (VAS) wurden in die konfirmatorische Analyse einbezogen.

Alle weiteren Parameter wurden mit Mitteln der deskriptiven Statistik analysiert. Die statistische Auswertung erfolgte mit dem Programmpaket SPSS für Windows, Version 6.0, auf einem Pentium PC.

Ergebnisse

Ausgangssituation in den Gruppen

In Tabelle 1 sind die demographischen Daten der zum Vergleich anstehenden Patientengruppen dargestellt. Die zahlenmäßigen Unterschiede sind klinisch nicht relevant. Die Gruppen sind deshalb in ihrer Ausgangslage als nicht verschieden zu beurteilen, womit eine wesentliche Voraussetzung für die Bewertbarkeit des Parallelgruppenvergleichs der Studien erfüllt ist.

Die Abbildung 2 zeigt als Boxplots die Mediane der Druckschmerzschwellen der Verum- und Placebogruppe während der ersten bis sechsten Untersuchung. Jede Box kennzeichnet den Median und den Bereich, der 50% aller Punkte um den Median einschließt.

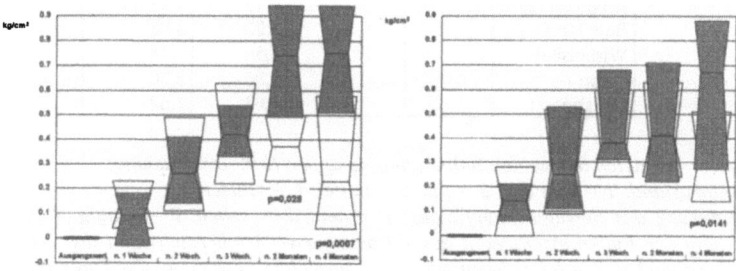

Abbildung 2: Verlauf der mittleren Mediane der 8 bilateralen schmerzhaften Druckpunkte Radongruppe: dunkel; Placebogruppe: hell (links: Schlema; rechts: Bad Steben)

	Schlema		Bad Steben	
	Placebo	Rn-Bäder	Placebo	Rn-Bäder
Gesamtzahl	23	23	27	25
weiblich	14	16	20	20
männlich	9	7	7	5
Alter	61,09	60,27	50,96	54,00
Größe	163,48	167,13	166,66	167,00
Gewicht	72,17	73,07	76,16	72,70
RRS	94,13	88,91	83,40	84,42
RRD	158,48	147,17	138,60	137,69
Puls	78,04	79,87	75,44	74,59
Hb	8,95	8,89	14,08	14,01
Hkt (%)	0,43	0,43	0,41	0,41
Ery	4,21	5,20	4,73	4,68
Leuko	7,71	7,72	6,09	5,80
BSG1	8,45	10,05	8,33	8,48
BSG2	20,95	23,73	17,42	18,90
Druckschmerz	1,04	1,01	1,46	1,54
Maximalpunkt			1,12	1,17
VAS			51,85	51,16
Bereiche mit schmerzhaften Beschwerden				
	Häufigkeit		Mittelwert	
HWS	23	23		
BWS	2	3		
LWS	20	19		
Hüfte links	0	4		
Hüfte rechts	1	2		
Knie links	9	12		
Knie rechts	9	8		
Schulter links	17	17		
Schulter rechts	16	13		
Ellenbogen li	0	4		
Ellenbogen re	2	3		
Schmerzdauer			13,44	13,67
Allgemeinzust.			2,15	2,20
Bew.Umfang			3,22	3,08
Wirbelsäule			2,59	2,48
Arme			1,96	2,20
Gehapparat			1,63	1,68

Tabelle 1: Vergleich der beiden Behandlungsgruppen (MW bzw. Summe)
Allgemeinzustand: 1 = sehr gut, 2 = gut, 3 = mittel, 4 = schlecht,
Einschränkung des Bewegungsumfanges: 1 = nein, 2 = selten, 3 = häufig, 4 = anhaltend,
Beurteilung der Funktionsfähigkeit des Wirbelsäulen-, Armbereichs und des Gehapparates:
1 = voll vorhanden, 2 = leicht vermindert, 3 = vermeidet Bewegung, 4 = eingeschränkt

Die Druckempfindlichkeit nahm während der Kur zunächst sowohl in der Verum- als auch in der Placebogruppe kontinuierlich ab, ohne daß zwischen beiden Gruppen ein signifikanter Unterschied im Kureffekt erkennbar war. Die besondere Reaktion auf die Radonbäder war als Follow-up-Effekt nach der Kur nachzuweisen. Während die Schmerzlinderung bei den mit Radonwasser Gebadeten nach 2 und 4 Monaten noch deutlich zunimmt, kommt es bei den mit Leitungswasser Gebadeten wieder zu einem leichten Anstieg der Beschwerden. Dieser Effekt ist auch am Verlauf der an unterschiedlichen Körperstellen gemessenen maximalen Schmerzpunkte festzustellen (Abbildung 3).

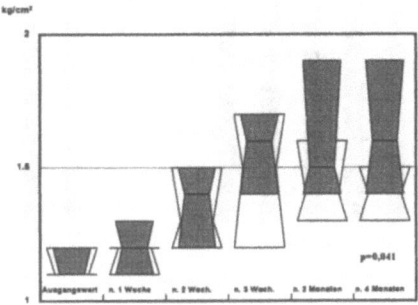

Abbildung 3: Verlauf der mittleren Mediane am individuell bestimmten maximalen Schmerzpunkt (Bad Steben). Radongruppe: dunkel; Placebogruppe: hell; nach 4 Monaten: p = 0,041

Auch das subjektive Schmerzempfinden im Verlauf der Bäderbehandlung, welches mit einer visuellen Analogskala erfaßt wurde, zeigt für beide Gruppen gleich gute Besserungen innerhalb der 4 Wochen. Nach der Kur bleibt auch hierbei in der Radongruppe der Kurerfolg erhalten. In der Placebogruppe nimmt das subjektive Schmerzempfinden wieder deutlich zu (Abbildung 4).

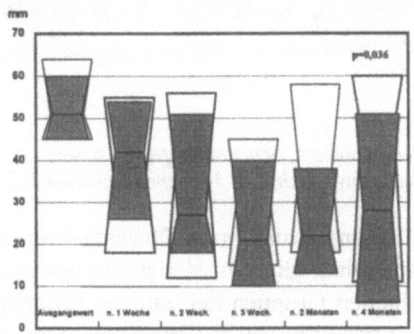

Abbildung 4: Verlauf der mittleren Mediane der Schmerzintensität anhand der visuellen Analogskala (Bad Steben). Radongruppe: dunkel; Placebogruppe: hell; nach 4 Monaten: p = 0,036

In den Abbildungen 5 bis 7 sind die Häufigkeitsverteilungen der angegebenen Einschätzungskriterien zur allgemeinen Befindlichkeit sowie Bewegungs- und Ruheschmerz für die Schlema-Studie und in Abbildung 8 für die Studiengruppe in Bad Steben dargestellt. Auch hier verhalten sich während der Kur beide Gruppen gleich. Nach der Kur verbessern sich in der Radongruppe alle von den Patienten subjektiv beurteilten Parameter.

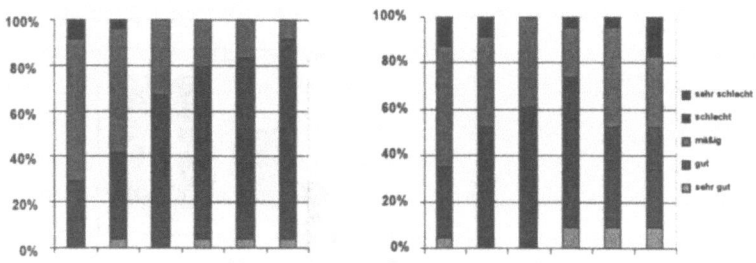

Abbildung 5: Subjektives Allgemeinbefinden der Radongruppe (links) und der Wassergruppe (rechts) in Schlema, Situation am Anfang, nach 1, 2, 3 Wochen sowie nach 2 und 4 Monaten

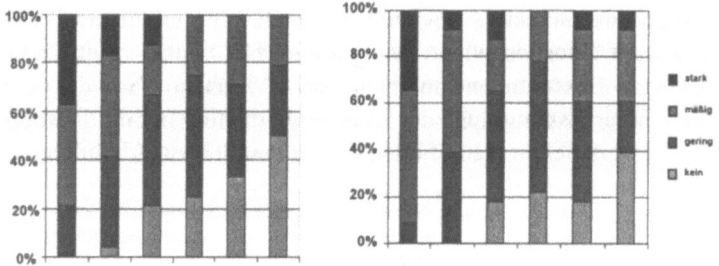

Abbildung 6: Bewegungsschmerz der Radongruppe (links) und Wassergruppe (rechts) in Schlema, Situation am Anfang, nach 1, 2, 3 Wochen sowie nach 2 und 4 Monaten

Bei ähnlicher Ausgangssituation ist für beide Gruppen der Abbildung 8 eine Besserung der Schmerzhäufigkeit im Verlauf zu erkennen, wobei in der zweiten Therapiewoche in beiden Gruppen bei einigen Teilnehmern eine Zunahme der Häufigkeit der Schmerzereignisse zu verzeichnen war. Diese bildete sich in der Regel in der Woche darauf wieder zurück. Nach der Badeserie zeigten beide Patientenkollektive eine deutliche Abnahme der Schmerzhäufigkeit. Der Prozentsatz der Patienten, die unter ständigen Schmerzen litten, war in der Radongruppe von 32% auf 8% und in der Kontrollgruppe von 30% auf 15% zurückgegangen.

Schmerzstillender Langzeiteffekt durch Radonbäder

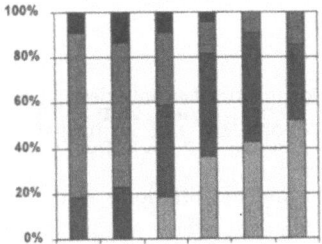 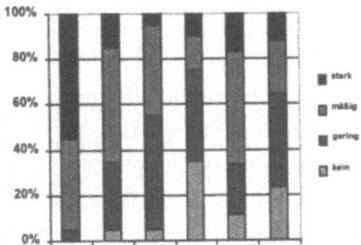

Abbildung 7: Ruheschmerz der Radongruppe (links) und Wassergruppe (rechts) in Schlema, Situation am Anfang, nach 1, 2, 3 Wochen sowie nach 2 und 4 Monaten

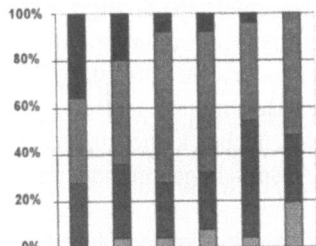 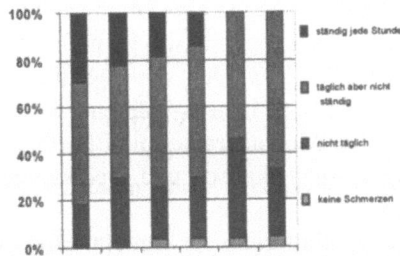

Abbildung 8: Häufigkeit auftretender Schmerzen der Radongruppe (links) und Wassergruppe (rechts) in Bad Steben, Situation am Anfang, nach 1, 2, 3 Wochen sowie nach 2 und 4 Monaten

Ebenfalls größer als in der Placebogruppe war der Anteil an schmerzfreien Patienten in der Radongruppe am Ende der Studie. Während der Bäderserie stieg er von 0% auf 8% an. In den folgenden zwei bäderfreien Monaten war noch einmal eine Zunahme des schmerzlindernden Effekts zu verzeichnen, so daß am Studienende 19% der Teilnehmer (4 von 21) angaben, schmerzfrei zu sein.

In der Placebogruppe war 1 Patient (4%) am Ende der zweiten Behandlungswoche ohne Schmerzen. Diese Zahl erhöhte sich nicht mehr.

Diskussion

Diskussion der Versuchsergebnisse

Die seit langem bekannte schmerzlindernde Wirkung von Radonbädern sollte in Schlema und Bad Steben vergleichend zu Placebobädern mit Leitungswasser unter kontrollierten Bedingungen untersucht werden.

Die Studie in Schlema fand unter stationären und die Studie in Bad Steben unter ambulanten Bedingungen während 4 Wochen statt. Beide Studien wurden mit Patienten, die klinisch und anamnestisch an Beschwerden durch Spondylosen und/oder Arthrosen litten, durchgeführt. Die Versuchsanordnung war doppelblind, d.h. weder Patient noch Untersucher waren informiert, welches der Bäder radonhaltig war. Radonwasser ist farb-, geschmack- und geruchlos und kann daher von Leitungswasser nicht unterschieden werden.

In Schlema wurde eine komplexe kurortmedizinische Behandlung mit Massage und Krankengymnastik kombiniert, bei der in der Kontrollgruppe nur das Radon fehlte. Es wurden keine Medikamente erlaubt, die das Untersuchungsergebnis beeinflußt hätten. Während der ambulanten Behandlung in Bad Steben wurde eine Monotherapie mit Bädern durchgeführt, wobei keine zusätzlichen Therapien (physikalisch und medikamentös) in Anspruch genommen werden durften.

Das Zielkriterium für den Hafteffekt ergab einen signifikanten Unterschied im Kurerfolg zu Gunsten der Radontherapie. Alle Nebenzielparameter unterstützen diesen Befund durch ihr tendenziell gleichartiges Verhalten. Die Tatsache, daß sich trotz dieses Befundes kein signifikanter Unterschied zwischen beiden Gruppen im Kureffekt einstellte, deutet auf ein reaktives Verhalten der Patienten durch die Radonwirkung während der Kur hin, welches von Hildebrandt (1985) auch für andere Therapiemaßnahmen in Kuren beschrieben wurde und durch einfache Wasserbäder offenbar in diesem Ausmaß nicht erreichbar ist.

Ausgangssituation

Bei den meisten Patienten konnten die schmerzhaften Verschleißerscheinungen an Wirbelsäule und Gelenken auf die Belastung durch jahrelange schwere körperliche Arbeit z.B. in der Landwirtschaft und in der lederverarbeitenden Industrie zurückgeführt werden.

Alle Teilnehmer wiesen umschriebene Schmerzen in muskulären und sehnigen Bereichen auf, wobei hauptsächlich Schultern, Nacken und der lumbosakrale Abschnitt der Wirbelsäule betroffen waren.

Laborchemisch fanden sich keine groben Abweichungen. Wenige Werte lagen außerhalb des Referenzbereiches. Die demographische Erhebung ergab keine Unterschiede in der Patientenauswahl der Gruppen. Aus Tabelle 1 sind die Stichproben-beschreibenden Parameter zu Kurbeginn ersichtlich, die den Erfolg der durchgeführten Randomisierung belegen. Auch nach der Kur waren systematische Unterschiede in der Verhaltensweise der Patienten trotz eingehender Befragung nach Durchsicht der Protokolle nicht aufgefallen. Von keinem Patienten wurden Medikamente eingenommen, die auf das Zielkriterium Einfluß haben könnten. Dies bestärkt die Vermutung, daß der beobachtete Abfall der Schmerzempfindlichkeit in der Radongruppe auf die Wirkung des Radons zurückzuführen ist.

Verlaufsbetrachtung

Ab der ersten Behandlungswoche zeigte sich in beiden Gruppen eine subjektive, mit der visuellen Analogskala quantifizierte Abnahme der Beschwerden und eine mit dem "Pressure Threshold Meter" objektivierte Anhebung der Druckschmerzschwelle. In der zweiten Behandlungswoche kam es in Bad Steben bei einigen Patienten beider Gruppen zu einer vorübergehenden Verschlechterung des Allgemeinzustandes und zu einer Verstärkung der lokalen Beschwerden. Nach wenigen Tagen kehrte jedoch das Wohlbefinden zurück. Dabei handelte es sich vermutlich um eine klassische Badereaktion, die typischerweise in der zweiten Behandlungswoche auftritt und für die neuroendokrine Mechanismen verantwortlich gemacht werden (Müller 1955).

Im weiteren Verlauf nahm die Schmerzempfindlichkeit der Patienten kontinuierlich ab, ohne daß ein signifikanter Unterschied zwischen beiden Kollektiven festgestellt werden konnte. Am Ende der Kur waren beide Gruppen deutlich gebessert. Zu diesem Zeitpunkt unterschied sich also der analgetische Effekt der Radonbäder nicht von dem der Leitungswasserbäder.

Dies muß jedoch nicht verwundern, da eine Schmerzlinderung bei Erkrankungen des rheumatischen Formenkreises durch die unspezifische und thermische Wirkung von Vollbädern schon seit langem bekannt und oft beschrieben ist (Evers 1959).

Die eigentliche Radonwirkung wurde erst später sichtbar. Zwei bzw. vier Monate nach Kurbeginn zeigte sich bei den Nachuntersuchungen ein verändertes Bild: Während der Kureffekt in der Kontrollgruppe nachließ und die Schmerzempfindlichkeit wieder zunahm, fand man bei den mit Radonwasser Gebadeten einen weiteren Anstieg der Schmerzschwelle und damit eine nachhaltige Schmerzlinderung, die selbst nach vier Monaten noch im Zunehmen begriffen war. Diese besondere Reaktion auf die Radonbäder konnte als signifikante Spätwirkung ($p < 0,05$) nach der Kur nachgewiesen werden.

Erwähnenswert ist noch, daß keiner der Teilnehmer über unerwünschte Nebenwirkungen klagte, die einen Abbruch der Bäderserie erforderlich machten. Bei den aufgetretenen Begleiterscheinungen (Müdigkeit, Herzklopfen, Nervosität, Schwindel, Muskelschmerzen und passager lokale Schmerzzunahme) handelt es sich um Erscheinungen, die durch die Umstimmung des vegetativen Nervensystems und des endokrinen Systems bedingt sind. Sie sind charakteristisch für die Balneotherapie im Sinne einer Reiz-Reaktionstherapie (Enders 1930, Evers 1959).

Mögliche analgetische Wirkmechanismen von Radonbädern

Da die vorhandene Literatur sehr umfangreich ist, sollen hier nur einige Schwerpunkte der Forschung zur Wirkung niedrig dosierter Alpha-Strahlung aufgeführt werden. In einem noch nicht veröffentlichten Artikel weist Schüttmann auf folgendes hin:
- Durch den hohen Lipoidgehalt der Nebennierenrinde kommt es hier bei einer Anwendung radonhaltiger Medien zu einer Anreicherung der Radonzerfallsprodukte. Histochemische Untersuchungen an Tieren zeigten eine "Anreicherung der sudanophilen Substanzen in der Rinde im Sinne einer Stimulation". Ebenfalls im Tierexperiment konnte ein Anstieg des Corticoidspiegels im Blut nachgewiesen werden.
- Alpha-Strahlung läßt entlang ihrer Ionisationsspuren konzentriert freie Radikale entstehen. Dies wiederum stimuliert die Produktion enzymatischer Radikalfänger. Ein durch Strahlung bewirkter Überschuß an Radikalfängern kann in krankhafte Prozesse, die mit vermehrter Radikalbildung einhergehen, eingreifen.
- Eine ähnliche Stimulation konnte für die Reparaturmechanismen an der DNS des Zellkerns nachgewiesen werden. Die Alpha-Strahlung des Radons induzierte bei hoch exponierten Personen im Raum Bad Gastein eine vermehrte Synthese von Reparaturenzymen.
- Kleine Strahlendosen sollen das Immunsystem stimulieren. Bei Patienten mit erniedrigter Killerzellen-Aktivität wurde eine Normalisierung am Ende einer Radonkur festgestellt.
- Bernatzky et al. (1990) konnten im Tierversuch nachweisen, daß regulatorische Peptide wie Neurokinin A und Substanz P in Lungengewebe und Bronchien sowie Calcitonin-Gene-Related Peptide im Rückenmark nach Radonexposition in höherer Konzentration zu finden sind.

- Nach täglich verabreichten Bädern mit radonhaltigem Wasser konnten vermehrt signifikante Tagesrhythmen bei chronisch kranken Patienten beobachtet werden, die vorher weniger circadiane Rhythmen als gesunde junge Männer aufwiesen (Herold und Günther 1984).
- Schließlich belegte Luger (1992), daß die Haut die Fähigkeit zur Freisetzung von ACTH und Endorphinen besitzt. Damit stellt sich die Frage, ob eine Radontherapie die Haut zur Endorphinausschüttung veranlassen kann und ob diese Stoffe die Schmerzschwelle beeinflussen können.
- In eigenen Untersuchungen wurde durch Bestrahlung der Haut mit einer Alphastrahlenquelle (Am-241) ein dosisabhängiger Effekt auf die Aktivität der Langerhanszellen der Epidermis festgestellt (Abbildung 9). Ein solcher Effekt ist auch für Schwefelbäder, die im gleichen Indikationsbereich verwendet werden und ebenfalls zu einer Schmerzlinderung führen, gefunden worden.

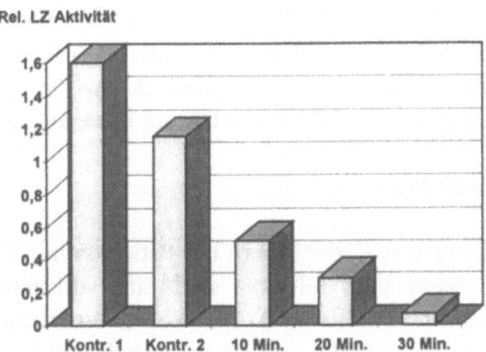

Abbildung 9: Dosisabhängiger Effekt auf die Aktivität der Langerhanszellen der Epidermis durch Alphastrahlung mit einem Am-241-Strahler

Trotz der Fülle der experimentellen Befunde aus der strahlenbiologischen Grundlagenforschung ist es noch zu früh, eine definitive Aussage zum Wirkmechanismus von Radonbädern zu treffen. Weitere klinische Untersuchungen zur Erklärung der Effektivität der Radonbalneologie sind notwendig.

Vorschläge zu weiterführenden Studien

Da die analgetische Wirksamkeit von Radonbädern an sich bei Patienten mit degenerativer Erkrankung von Wirbelsäule und Gelenken in zwei Studien klinisch belegt werden konnte, stellt sich nun die Frage nach dem bestmöglichen erreichbaren therapeutischen Effekt.

Eine vergleichende Untersuchung von Radonwässern verschiedener Konzentrationen in der Balneologie ist in Deutschland wohl nicht möglich, da die rechtliche Voraussetzung der künstlichen Radonherstellung für therapeutische Zwecke fehlt. Hier kann die russische Literatur zu Rate gezogen werden. In russischen Studien wurde ein Wirksamkeitsmaximum bei ca. 3000 Bq/L festgestellt; unter 370 Bq/L erwiesen sich die Bäder als unwirksam, sofern sie mit Indifferenztemperatur appliziert wurden. Bei Anwendung in Form von Thermalbädern verschob sich die Wirksamkeit jedoch zu niedrigeren Konzentrationen (Deetjen 1984).

Ebenfalls von Interesse ist die Frage, ob sich der analgetische Effekt von Radonbädern durch Zusatz anderer in der Balneologie verwendeter Substanzen (z.B. Schwefel, Moor, CO_2) steigern läßt.

Des weiteren sollte die Wirksamkeit von Radonbädern nicht nur bei Erkrankungen des rheumatischen Formenkreises, sondern auch bei ihren anderen "klassischen" Indikationen (z.B. Psoriasis, Sklerodermie, Frauenleiden, Neuralgien) wissenschaftlich überprüft werden. Aber auch Erkrankungen, die in Mitteleuropa bislang nicht mit Radon behandelt wurden und mit gestörten Regulationsmechanismen einhergehen, könnten im Hinblick auf Therapieerfolge in der ehemaligen Sowjetunion mit in die Untersuchungen einbezogen werden.

Abschließende Stellungnahme

Die serielle Anwendung von Radonbädern bei Patienten mit degenerativer Erkrankung von Wirbelsäule und Gelenken stellt eine wirksame und sinnvolle Therapie dar. Die Indikation sollte nach Anamnese, körperlicher Untersuchung und Diagnosestellung durch eine/n Arzt/Ärztin gestellt werden, damit die Kontraindikationen zur Radonbalneotherapie erfaßt und unerwünschte Nebenwirkungen vermieden werden. Obwohl wir der Meinung sind, daß mit der Radontherapie kein erhöhtes Strahlenrisiko verbunden ist, unterliegt die Anwendung radonhaltigen Wassers den Prinzipien des Strahlenschutzes. Das heißt, der verordnende Arzt muß ein mögliches, wenn auch minimales Restrisiko gegen einen kalkulierbaren Nutzen für den Patienten abwägen und ihn darüber aufklären.

Andere Therapien der Erkrankungen des rheumatischen Formenkreises, vor allem die Einnahme nichtsteroidaler Antiphlogistika, setzen den Patienten Gefahren aus, die deutlich größer veranschlagt werden müssen, als das Strahlenrisiko bei der Radontherapie. Diese Überlegung sollte in den Risikovergleich einbezogen werden.

Abschließend ist noch die hohe Akzeptanz der Radonbäder durch die Patienten hervorzuheben. Vier Monate nach Kurbeginn zeigten sie sich fast ausnahmslos mit der Durchführbarkeit und dem schmerzlindernden Effekt der Therapie sehr zufrieden und sprachen ihr Interesse an einer Wiederholung der Bäderserie aus.

Literatur

Andrejew SV. Die Bestrahlung des menschlichen Organismus bei der Radonbehandlung. Z. Physiother. 25 (1973) 161-171

Bernatzky G, Saria A, Holzleithner H, Kronberger C, Wittauer U, Blum F, Hacker GW, Kullich W, Leiner G, Adam H. Auswirkungen niedrig dosierter ionisierender Strahlung auf regulatorische Peptide im Blut und in Geweben. Z. Phys. Med. Baln. Med. Klim. 19, Sonderheft 2 (1990) 36-53

Burkart W. Die adaptive Reaktion menschlicher Lymphozyten auf kleine Strahlendosen. Z. Phys. Med. Baln. Med. Klim. 19, Sonderheft 2 (1990) 19-27

Dafinova Y. The therapeutic effect of radon baths and magnetotherapy on rheumatoid arthritis patients. In: Health Resort Medicine (Hrsg.: Pratzel HG). ISMH Verlag, Geretsried (1995) 183-188

Deetjen P. Biologische und medizinische Wirkungen niedrig dosierter ionisierender Strahlen. Z. Phys. Med. Baln. Med. Klim. 13, Sonderheft 1 (1984) 6-10

Deetjen, P. Radon-Balneotherapie – neue Aspekte. Phys. Rehab. Kur Med. 2 (1992) 100-103

Egg D, Gastl G, Altmann H, Günther R, Huber C. Immunologische Untersuchungen während Radon-Balneotherapie. Z. Phys. Med. Baln. Med. Klim. 13, Sonderheft 1 (1984) 56-68

Enders W. Die Emanationstherapie im Lichte einer Reizkörpertherapie. Verlag Rudolf Kramer, Radiumbad Oberschlema (1930)

Engelmann W. Das Heidelberger Radium-Solbad. Münch. Med. Wochenschr. (1953) 11

Evers A. Spezifische und unspezifische Wirkungen in der Balneotherapie. Münch. Med. Wochenschr. 101 (1959) 461-464

Fischer AA. Documentation of myofascial trigger points. Arch. Phys. Med. Rehabil. 69 (1988) 286-291

Fischer AA. Pressure threshold meter: its use for quantification of tender spots. Arch. Phys. Med. Rehabil. 67 (1986) 836-838

Frick H, Pfaller W. Die Auswirkung niedriger α-Strahlendosis auf epitheliale Zellkulturen. Z. Phys. Med. Baln. Med. Klim. 17, Sonderheft 1 (1988) 23-31

Frick H, Pfaller W. DNS-Strangbruchmessungen nach Einwirkung niederer α-Strahlendosen an Zellkulturen nicht transformierter und transformierter Zellen. Z. Phys. Med. Baln. Med. Klim. 19, Sonderheft 2 (1990) 28-35

Herold M, Günther R. Chronobiologische Untersuchungen während Radon-Balneotherapie. Z. Phys. Med. Baln. Med. Klim. 13, Sonderheft 1 (1984) 68-76

Hildebrandt G. Balneologie. In: Balneologie und medizinische Klimatologie (Hrsg.: Amelung W, Hildebrandt G), Band 2. Springer Verlag, Berlin, Heidelberg, New York, Tokyo (1985) 228-241

Luger TA. UV-Licht und Neuropeptide. Klinik und Poliklinik für Hautkrankheiten Münster/Westfalen (1992) (persönliche Mitteilung des Verfassers).

Morinaga H. Medical experiences in the Japanese radon spa Misasa. Z. Phys. Med. Baln. Med. Klim. 17, Sonderheft 1 (1988) 67-71

Müller GM. Über das Wesen der sogenannten Badekrise und deren Behandlung. Münch. Med. Wochenschr. 97 (1955) 332-333

Oshima Y. Shinshu Med. J. 3 (1954) 302

Pfaller W, Loidl P, Gstraunthaler G, Gröbner P. Auswirkung von Alphastrahlen auf das Proliferationsverhalten von kultivierten Zellsystemen. Z. Phys. Med. Baln. Med. Klim 13, Sonderheft 1 (1984) 17-24

Pohl-Rüling J, Fischer P, Pohl E. Chromosomenaberrationen nach Inhalation von ^{222}Radon und seinen Zerfallsprodukten. Z. angew. Bäder- und Klimaheilk. 26 (1979) 437-443

Saller R, Hellenbrecht D. Schmerzen, Therapie in Praxis und Klinik. Marseille Verlag, München (1991) pp. 263-329

Schoger GA. Was ist von der Behandlung mit natürlichen radioaktiven Wässern zu erwarten? Med. Welt (1962) 34

Schüttmann W. Das Strahlenrisiko des Patienten bei der Radontherapie. Z. ärztl. Fortb. 84 (1990) 1244-1249

Schüttmann W. Geschichte der Schneeberger Lungenkrankheit. In: 2. Biophysikalische Arbeitstagung, Schlema, 11. bis 13. Sept. 1991. BfS-ST-3/92 (1992) 33-43

Tuschl H, Klein W. Reparaturprozesse in Lymphozyten beruflich strahlenexponierter Personen. Z. Phys. Med. Baln. Med. Klim 13, Sonderheft 1 (1984) 44-55

Adresse: Univ.-Prof. Dr. med. habil. Dr. rer. nat. Helmut G. Pratzel
Institut für Medizinische Balneologie und Klimatologie
Ludwig-Maximilians-Universität
Marchioninistr. 17
D-81377 München

Entwicklung der Strahlenschutzgesetzgebung in der EU

H. Eriskat

Brüssel/Berlin

Zusammenfassung

Im Vertrag zur Gründung der Europäischen Atomgemeinschaft (EURATOM), der 1957 in Rom unterzeichnet wurde, wird der Gemeinschaft die Aufgabe zugewiesen, einheitliche Sicherheitsnormen für den Gesundheitsschutz der Bevölkerung und der Arbeitskräfte aufzustellen und für ihre Anwendung zu sorgen. Nach mehreren Revisionen sieht die 1996 verabschiedete Fassung vor, die Dosisgrenzwerte für strahlenexponierte Arbeitskräfte auf 100 mSv/5 Jahre herabzusetzen. Der Dosisgrenzwert für Einzelpersonen der Bevölkerung wurde auf 1 mSv/Jahr reduziert (Mittelwert über 5 aufeinanderfolgende Jahre). Es sei daran erinnert, daß dieses System der Dosisbegrenzungen weder auf Patienten noch bei Notstandssituationen Anwendung findet.

Angesichts des ohnehin sehr weitgefächerten Aufgabenkatalogs der EU und der häufig gehörten Besorgnis, daß sie sich vermehrt mit Problemen befaßt, die zweckmäßigerweise in der nationalen oder regionalen Zuständigkeit bleiben sollten, kann durchaus auch die Frage nach der Berechtigung einer EU-Tätigkeit auf dem Gebiet des Strahlenschutzrechts, einem Sondergebiet des Gesundheitsschutz- und Arbeitsschutzrechts, gestellt werden. Dennoch handelt es sich um ein Gebiet, auf dem sich die EU-Tätigkeit seit nunmehr 40 Jahren eher im Stillen entwickelt hat, die eigentlich nur bei realen oder vordergründig politisch motivierten Krisensituationen - wie etwa bei dem Kernenergieunfall von Tschernobyl oder bei den im Jahre 1995 letztmalig durchgeführten französischen Atombombenversuchen im Pazifik - in das Blickfeld der Öffentlichkeit getreten ist.

Andererseits scheint es durchaus angebracht, daran zu erinnern, daß es im Rahmen der Vorbereitungen für eine Europäische Vereinigung schon sehr frühzeitig relativ konkrete Vorstellungen für die Schaffung einer Europäischen Gesundheitsgemeinschaft gegeben hat, eine Idee, die seit 1952 insbesondere von dem damaligen französischen Gesundheitsminister, Paul Ribeyre, mit Nachdruck betrieben worden war; daß hierfür die Zeit damals noch nicht reif war, beweist aber die Tatsache, daß erst im Jahre 1977 die erste informelle Zusammenkunft der Gesundheitsminister auf EU-Ebene - verbunden mit nicht unerheblichen formaljuristischen und politischen Schwierigkeiten - stattfinden konnte; erst mit der Festlegung der EU-Zuständigkeiten in den Bereichen Gesundheit, Umwelt- und Verbraucherschutz im Europäischen Vertragswerk, konnte auch hier eine kontinuierliche Entwicklung eingeleitet werden.

Grundlage für die Tätigkeit der ursprünglich 6 Mitgliedstaaten (Belgien, Deutschland, Frankreich, Italien, Luxemburg, Niederlande) umfassenden EU bilden 3 Verträge:
- Vertrag zur Gründung der Europäischen Gemeinschaft für Kohle und Stahl, unterzeichnet 1951 in Paris,
- Vertrag zur Gründung der Europäischen Gemeinschaft (bis 1993: Europäische Wirtschaftsgemeinschaft), unterzeichnet 1957 in Rom,
- Vertrag zur Gründung der Europäischen Atomgemeinschaft (EURATOM), unterzeichnet 1957 in Rom.

Lediglich der letztgenannte Vertrag zeichnet sich von Beginn an durch eine relativ weitgehende Zuständigkeit auf dem Gebiet des Gesundheitsschutzes aus, wenngleich der EURATOM-Vertrag unter dem Eindruck der Suez-Krise im wesentlichen aus energiepolitischen Gründen geschaffen worden ist, um eine damals befürchtete Energieversorgungslücke in Europa zu schließen und die Abhängigkeit von außereuropäischen ölproduzierenden Ländern zu verringern. Im EURATOM-Vertrag wird der Gemeinschaft an prominenter Stelle die Aufgabe zugewiesen, "einheitliche Sicherheitsnormen für den Gesundheitsschutz der Bevölkerung und der Arbeitskräfte aufzustellen und für ihre Anwendung zu sorgen".

Konkretisiert werden diese Aufgaben in einem ausschließlich dem Gesundheitsschutz gewidmeten Kapitel: Diese sind rechtlich-administrativer Natur, sie umfassen technische Überwachungs- und Kontrollfunktionen und legen die gegenüber solchen Mitgliedstaaten zu ergreifenden Maßnahmen fest, die die EURATOM-Vorschriften nicht einhalten.

Will man - wenn auch nur in groben Zügen - die Entwicklung der Europäischen Strahlenschutzgesetzgebung nachzeichnen, muß man sich zunächst vergegenwärtigen, wie diesbezüglich im Jahre 1958 die Ausgangslage gewesen ist: Für die Kommission, als Exekutive von EURATOM, ging es im ersten Jahr ihres Bestehens, wo sie naturgemäß mit dem Aufbau ihrer eigenen administrativen Infrastruktur beschäftigt war, darum, die Grundlagen für eine europäische Strahlenschutzgesetzgebung zu schaffen: Im EURATOM-Vertrag war nämlich ausdrücklich festgelegt worden, daß diese Europäischen Sicherheitsnormen innerhalb Jahresfrist durch den Europäischen Ministerrat verabschiedet werden sollten.

Was verbirgt sich nun hinter dem im EURATOM-Vertrag niedergelegten Begriff "Einheitliche Sicherheitsnormen"? In seinem Artikel 30 werden sie definiert als:
a) die zulässigen Höchstdosen, die ausreichend Sicherheit gewähren,
b) die Höchstgrenze für die Aussetzung gegenüber schädlichen Einflüsse und für schädlichen Befall,
c) die Grundsätze für die ärztliche Überwachung der Arbeitskräfte.

Die relativ knappe und spröde Definition dessen, was die Grundnormen inhaltlich darstellen, läßt auf den ersten Blick nicht unbedingt erkennen, daß sie Ausgangs- und Mittelpunkt sowohl einer globalen supranationalen Arbeits- und Gesundheitsschutzpolitik als auch einer Umweltschutzpolitik gegenüber einem neuen industriellen Schadstoff sind; tatsächlich betreffen jedoch alle sich auf den Strahlenschutz beziehenden Vorschriften des EURATOM-Vertrages direkt oder indirekt die Grundnormen und ihre Anwendung.

Für die EURATOM-Kommission, der bei der Konzipierung der gemeinschaftlichen Gesundheitspolitik die Initiativfunktion zufiel, bedeutete die Artikulierung dieser Politik im Jahre 1958 das entscheidende Problem, denn das Ingangsetzen einer europäischen Strahlenschutzpolitik bedingte vorab grundsätzliche Entscheidungen, und zwar über die technisch-wissenschaftliche Basis, auf der die EURATOM-Grundnormen erstellt werden sollten, und über die Rechtsinstrumente, mittels derer die Grundnormen im nationalen Bereich zum Tragen kommen sollten.

Es lag daher nahe, bei der Ausarbeitung dieser Leitlinien so weit wie möglich auf wissenschaftlich hinreichend abgesicherte Bezugsdokumente zurückzugreifen, die auch bereits in den Ländern außerhalb der Europäischen Gemeinschaft anerkannt waren; dieser glückliche Umstand hat sich durch die Existenz der wissenschaftlichen Empfehlungen der Internationalen Strahlenschutz-Kommission (ICRP) ergeben.

Darüber hinaus sind bei der Ausarbeitung der EURATOM-Grundnormen auch die Empfehlungen des US National Committee on Radiation Protection and Measurements (NRCP) und Berichte des wissenschaftlichen Ausschusses der Vereinten Nationen zur Untersuchung der Wirkung ionisierender Strahlung (UNSCEAR) berücksichtigt worden.

Andererseits ist die Kommission seit der Erst-Ausarbeitung und bei allen späteren Überprüfungen und Ergänzungen der EURATOM-Grundnormen von einem Ausschuß wissenschaftlicher Sachverständiger unterstützt worden; der von diesem zunächst 12 Mitglieder umfassenden Ausschuß geleistete Beitrag muß im übrigen als ein besonders positives Beispiel der Wissenschafts- und Technikberatung angesehen werden.

Eine andere - vorweg - zu treffende Entscheidung war die bezüglich der rechtlichen Bindewirkung der Grundnormen. Nach Prüfung der der Gemeinschaft zur Verfügung stehenden Rechtsinstrumente ist schließlich die Richtlinie gewählt worden, die nach der Definition des EURATOM-Vertrages "für jeden Mitgliedstaat, an den sie gerichtet ist, hinsichtlich des zu erreichenden Zieles verbindlich ist, jedoch den innerstaatlichen Stellen die Wahl der Form und der Mittel überläßt". Unter Berücksichtigung der in den einzelnen Mitgliedstaaten historisch unterschiedlich gewachsenen Rechts- und Verwaltungspraktiken und insbesondere der Verschiedenartigkeit der Mentalität der Bürger bot dieses Rechtsinstrument die günstigsten Voraussetzungen, den Aufbau eines europäischen Strahlenschutzsystems mit dem nötigen Maß an Flexibilität einzuleiten. Bereits am 2. Februar 1959 konnte diese Richtlinie am Ende eines genau im EURATOM-Vertrag verankerten Ausarbeitungs- und Konsultationsverfahrens - als eine der ersten europäischen Richtlinien überhaupt - durch den Ministerrat verabschiedet werden [1].

Der Anwendungsbereich der Richtlinie ist breit angelegt worden, denn er umfaßt praktisch jede Tätigkeit, "die eine Gefährdung durch ionisierende Strahlung mit sich bringt"; zum Zweck der vollständigen Erfassung aller mit einem Strahlenrisiko verbundenen Vorgänge ist eine Anmeldepflicht festgeschrieben worden; die Mitgliedstaaten ihrerseits regeln, welche Tätigkeiten und Vorgänge unter Berücksichtigung des Gefährdungspotentials einer vorherigen Genehmigung unterliegen.

Der damals geltenden Terminologie folgend sind höchstzulässige Dosen für beruflich strahlenexponierte Personen und die Bevölkerung sowie die Hauptgrundsätze der Gesundheitsüberwachung der Arbeitskräfte festgelegt worden, die neben der ärztlichen Kontrolle auch die physikalische Strahlenschutzkontrolle umfassen; in Übereinstimmung mit dem Optimierungsprinzip ist gefordert worden, die Exposition von Personen, die ionisierenden Strahlungen ausgesetzt sind, soweit wie möglich zu beschränken, wobei neben technisch-wissenschaftlichen Faktoren auch solche wirtschaftlich-sozialer Natur zu berücksichtigen sind, ohne daß das zunächst in der Erstfassung der Richtlinie vom 2. Februar 1958 explizit niedergelegt worden war.

Diese Grundnormen sind seither insgesamt 6mal unter Berücksichtigung neuer, schlüssiger wissenschaftlicher Erkenntnisse geändert und ergänzt worden; sie stellen aber nach wie vor die zentrale EU-Vorschrift auf dem Gebiete des Strahlenschutzes dar; dennoch hat es sich im Laufe der Zeit als notwendig erwiesen, ergänzend für wichtige Teilbereiche gesonderte EU-Vorschriften einzuführen.

Diesbezüglich ist insbesondere die Richtlinie für den Strahlenschutz in der Medizin aus dem Jahre 1984 [2] zu erwähnen, deren Ziel es ist, die Strahlenbelastung bei der Früherkennung, Diagnose und Therapie zu reduzieren, ohne jedoch die medizinisch gerechtfertigte Anwendung ionisierender Strahlen und radioaktiver Stoffe in der Medizin unter optimalen Strahlenschutzbedingungen zu beeinträchtigen. Allerdings konnte diese Richtlinie, die zwar die einhellige Unterstützung des Europa-Parlaments gefunden hatte, erst nach Beseitigung erheblicher Widerstände durchgesetzt werden, da zunächst nicht alle Mitgliedstaaten der Meinung waren, daß ein Tätigwerden der Gemeinschaft auf diesem besonderen Gebiet durch den EURATOM-Vertrag abgedeckt war; andererseits standen die ärztlichen Berufsorganisationen dieser EU-Initiative eher zurückhaltend gegenüber.

Im Ergebnis konzentriert sich die Richtlinie auf einige wesentliche Aspekte: Jede medizinische Strahlenbelastung muß medizinisch gerechtfertigt sein und so niedrig gehalten werden, wie dies vernünftigerweise zu erreichen ist; außerdem wird die Forderung der Fachkunde von Ärzten, Zahnärzten und anderen Fachkräften im Strahlenschutz erhoben; schließlich wird eine angemessene Ausbildung für die in der Röntgendiagnostik, Strahlentherapie und in der Nuklearmedizin angewandten Verfahren verlangt. Für die in diesen Bereichen tätigen Hilfskräfte wird eine angemessene Unterweisung und Ausbildung gefordert.

Diese Vorschriften stehen, was die Qualität des Strahlenschutzes im medizinischen Bereich angeht, in einem direkten Bezug zueinander, denn ein angemessenes Fachwissen auf dem Gebiet des Strahlenschutzes und die für den Umgang mit den einschlägigen medizinisch-technischen Geräten nötige Ausbildung stellen wesentliche Voraussetzungen dafür dar, daß die Strahlenschutzgrundsätze der Rechtfertigung und Optimierung auch wirksam in der ärztlichen Praxis zum Tragen kommen.

Im nachhinein ist festzustellen, daß diese inhaltlich relativ bescheidene Richtlinie sensibilisierend gewirkt hat, was im Ergebnis auch dazu geführt hat, daß sie im Jahre 1997 mit Unterstützung der Ärzteschaft in wesentlichen Punkten konkretisiert, verschärft und erweitert werden konnte [3].

Andererseits hat ein 1986 außerhalb der Gemeinschaft eingetretenes Ereignis, der Reaktorunfall von Tschernobyl, einige Schwächen und Lücken im EU-Strahlenschutzsystem deutlich erkennbar werden lassen. Das galt insbesondere für das Fehlen gemeinschaftlicher Regelungen von Radioaktivitätshöchstwerten in Nahrungs- und Futtermitteln; diese Lücke ist zwischenzeitlich durch mehrere EU-Verordnungen geschlossen worden, wobei allerdings nicht immer für die Höhe der festgelegten Radioaktivitätswerte ausschließlich ihre wissenschaftliche Begründung bestimmend gewesen ist.

Auch galt es, die nach dem Reaktorunfall von Tschernobyl aufgetretenen Kommunikationsprobleme zwischen den EG-Mitgliedstaaten und der Kommission, zwischen den einzelnen Mitgliedstaaten und innerhalb der Mitgliedstaaten selbst, so schnell wie möglich zu beseitigen. Das am 14. Dezember 1987 vom Rat verabschiedete Gemeinschaftssystem für einen beschleunigten Informationsaustausch soll sicherstellen, daß bei eventuellen künftigen strahlenbedingten Zwischenfällen oder Unfällen kurzfristig gezielte Gegenmaßnahmen eingeleitet werden können.

Die 89/618/EURATOM-Richtlinie vom 27. November 1989 zur Unterrichtung der Bevölkerung über die bei einer strahlenbedingten Notstandssituation geltenden Verhaltensmaßregeln und zu ergreifenden Gesundheitsschutzmaßnahmen zielt darauf ab, die Qualität der Information nachhaltig zu fördern und schreibt den Inhalt der Informationen und ihre Verbreitungsmodalitäten sowohl im voraus im Hinblick auf einen etwaigen künftigen Notfall als auch bei einer konkreten Notstandssituation verbindlich fest.

Strahlenschutzprobleme besonderer Art ergeben sich, wie allgemein bekannt, für Arbeitskräfte, die Reparatur- und Wartungsarbeiten in Kernanlagen durchführen; ihre wechselnden Einsatzorte, häufig über Landesgrenzen hinweg, erschweren eine optimale dosimetrische Überwachung hinsichtlich der vollständigen und schnellen Erfassung der je Einsatz empfangenen Strahlendosen. Die vom Rat am 4. Dezember 1990 verabschiedete Richtlinie zielt darauf ab, für die sogenannten externen Arbeitskräfte ein angemessenes dosimetrisches Überwachungssystem einzuführen, das ihren besonderen Arbeitsbedingungen gerecht wird.

Aus diesen stichwortartigen Darlegungen wird erkennbar, daß innerhalb der EU allmählich eine weitgehende Regelungsdichte erzielt worden ist, die für nationale Alleingänge relativ wenig Spielraum läßt.

Dabei darf allerdings nicht verkannt werden, daß die Konsensfindung bei der Weiterentwicklung der EU-Strahlenschutzgesetzgebung bei einer nunmehr auf 15 Mitgliedstaaten erweiterten EU nicht einfacher geworden ist: Unterschiedliche Auffassungen bestehen zum Beispiel unter den einzelnen EU-Mitgliedstaaten über den Detaillierungsgrad von EU-Vorschriften: Einige plädieren für möglichst präzise und detaillierte Vorschriften, während andere für eine Beschränkung auf die Zielvorgaben eintreten. Im Ergebnis hat dies vermehrt zu mühsam erzielten Kompromissen zu Lasten der Klarheit geführt, was dann in der Folge seitens der nationalen Gesetzgeber und Strahlenschutzpraktiker in Einzelfällen zu unterschiedlichen Auslegungen von EU-Vorschriften geführt hat.

Andererseits besteht auch seit einiger Zeit keine uneingeschränkte Einigkeit mehr darüber, ob die Grundnormen - gemäß der Terminologie des EURATOM-Vertrages - als "einheitliche Sicherheitsnormen" anzusehen sind; in der Tat vertreten immer mehr EU-Mitgliedstaaten die Auffassung, die Grundnormen lediglich als Mindestnormen zu betrachten, was ihnen die Möglichkeit einräumt, in

Strahlenschutzgesetzgebung in der EU

den von ihnen erachteten Fällen von der EU-Gesetzgebung abweichende nationale Vorschriften zu erlassen. Eine derartige Sicht der Dinge, die - für die EU-Kommission in erstaunlicher Weise - auch vom EU-Gerichtshof geteilt wird, relativiert nicht nur die Bedeutung von EU-Vorschriften, sondern ist geeignet, ein in der Substanz bestehendes einheitliches Sicherheitsniveau in der EU zu gefährden und subsidiär auch das Funktionieren des Europäischen Binnenmarktes zu beeinträchtigen, d.h. unterschiedliche Festlegungen in nationalen Strahlenschutzvorschriften können letztlich für eine Behinderung der Freizügigkeit - eines der wesentlichen Ziele der EU - ursächlich werden.

Vor diesem Horizont muß auch die letzte Revision der EU-Grundnormenrichtlinie gesehen werden, die von der EU-Kommission im Jahre 1989, unter Berücksichtigung neuer wissenschaftlicher Erkenntnisse, wie sie auch in der Empfehlung No. 60 der Internationalen Strahlenschutzkommission zum Ausdruck kommt, eingeleitet worden ist. Nach langwierigen Verhandlungen - langwierig deshalb, weil seitens der Mitgliedstaaten keine geschlossene Auffassung hinsichtlich der Notwendigkeit bzw. der Tragweite für eine solche Revision bestand - konnte diese Richtlinie schließlich im Jahre 1996 vom EU-Ministerrat verabschiedet werden [4].

Ziel dieser Teilrevision war es, den Strahlenschutz zu aktualisieren, was in einigen Punkten zu Verschärfungen und nicht unwesentlichen Ergänzungen geführt hat, ohne dabei die bestehenden Hauptgrundsätze im Strahlenschutz in Frage zu stellen; diese Revision erfolgte im übrigen in Abstimmung mit anderen auf diesem Gebiet tätigen internationalen Organisationen - IAEO, OIT, WHO, OCDE -, um den Konsens im Strahlenschutz über die Grenzen der EU hinaus auch in Zukunft zu wahren.

Im wesentlichen konzentrierte sich die Revision auf folgende Punkte:

Im Mittelpunkt bleiben - nach wie vor - die Grundsätze der Rechtfertigung, Optimierung und Dosisbegrenzung, von denen die Mitgliedstaaten auszugehen haben: In bezug auf die Rechtfertigung wird dabei nunmehr unterschieden zwischen neuen und bereits bestehenden Tätigkeitsarten; für alle neuen Tätigkeitsarten müssen die Mitgliedstaaten vorab eine sorgfältige Abwägung zwischen den wirtschaftlichen und sozialen Vorteilen einerseits und möglichen gesundheitlichen Beeinträchtigungen andererseits vornehmen.

Hinsichtlich der Rechtfertigung bereits bestehender Tätigkeitsarten werden die Mitgliedstaaten aufgefordert, diese zu überprüfen, sobald wesentliche neue Erkenntnisse über ihren Nutzen bzw. über ihre möglichen gesundheitlichen Gefährdungen vorliegen; als direkte Folge hiervon ist der absichtliche Zusatz radioaktiver Stoffe bei der Herstellung von Lebensmitteln, Spielwaren, persönlichen Schmuckgegenständen und kosmetischen Erzeugnissen sowie ihre Ein- und Ausfuhr untersagt worden.

Nach dem Optimierungsgrundsatz sind Expositionen soweit wie möglich unter den vorgeschriebenen Grenzwerten zu halten; diesbezüglich wird nunmehr explizit ergänzt, daß dabei wirtschaftliche und soziale Faktoren zu berücksichtigen sind.

Die Dosisgrenzwerte für strahlenexponierte Arbeitskräfte, die bislang bei 50 mSv/Jahr lagen, sind auf 100 mSv/5 Jahre herabgesetzt worden, wobei im Sinne einer gewissen Flexibilität innerhalb dieses Zeitraumes eine einmalige Jahresdosis von 50 mSv/Jahr zulässig ist; der Dosisgrenzwert für Einzelpersonen der Bevölkerung ist entsprechend auf 1 mSv/Jahr herabgesetzt worden, wobei auch hier ein höherer Wert mit der Einschränkung zugelassen werden darf, daß der Mittelwert über 5 aufeinanderfolgende Jahre 1 mSv/Jahr nicht überschreitet.

Es liegt in der Logik der Sache, daß dieses System der Dosisbegrenzungen weder auf Patienten noch bei Notstandssituationen Anwendung findet.

Nicht zuletzt als Reaktion auf die Folgen des Tschernobyl-Unfalls sind erstmals auch relativ präzise Vorschriften für mögliche strahlenbedingte Notstandssituationen festgelegt worden, wobei die Bedeutung internationaler Zusammenarbeit besonders hervorgehoben wird.

Eine weitere Neuerung betrifft schließlich die Aufnahme eines besonderen Kapitels über den Strahlenschutz gegenüber der Exposition durch natürliche Strahlenquellen; damit wird der Anwendungsbereich der Richtlinie erheblich erweitert, denn bislang erstreckt sich dieser nur insofern auf die natürliche Radioaktivität, als sie Gegenstand industrieller und technischer Verfahren ist.

Da die Strahlenbelastung aus natürlicher Radioaktivität selbst innerhalb der Länder zum Teil erhebliche Abweichungen voneinander aufweist, ist ein Regelungsbedarf auf EU-Ebene zunächst jedoch nicht von allen EU-Mitgliedstaaten als zwingend notwendig angesehen worden.

Im Ergebnis ergeht dennoch an die EU-Mitgliedstaaten die Einladung, den Strahlenschutz gemäß der Vorgabe des neuen Titels VII über "Erheblich erhöhte Expositionen durch natürliche Strahlenquellen" zu organisieren. Das darin niedergelegte Mehrstufensystem sieht im einzelnen folgendes vor:
- Zunächst haben die Mitgliedstaaten zu bestimmen, in welchen Gebieten und bei welchen Arbeiten eine erheblich erhöhte Strahlenexposition der Arbeitskräfte und gegebenenfalls von Einzelpersonen der Bevölkerung eintreten könnte;
- daran schließt sich die Ermittlung der entsprechenden Dosen an bestimmten Arbeitsplätzen an;
- an den derart identifizierten Arbeitsplätzen werden dann im Bedarfsfall die in der Richtlinie niedergelegten Strahlenschutz- und Abhilfemaßnahmen in die Wege geleitet.

Es ist offensichtlich, daß der den EU-Mitgliedstaaten eingeräumte relativ weite Ermessensspielraum zum Handeln in der Praxis zu durchaus unterschiedlichen Maßnahmen für gleiche Situationen führen kann. Um hier eine Orientierungshilfe zu geben, hat die EU-Kommission mit Hilfe einer wissenschaftlichen Sachverständigengruppe im Jahre 1997 eine an die Mitgliedstaaten gerichtete Empfehlung veröffentlicht; diese enthält detaillierte technische Anleitungen zur Identifizierung von Arbeitsvorgängen, die einer Kontrolle zu unterziehen sind und welche Art der Kontrolle in solchen Fällen als angemessen angesehen wird [5].

In den Titel VII der Richtlinie fällt auch eine im Vergleich präzisere Vorschrift zum Schutz des fliegenden Personals, worunter die Cockpit-Besatzung und das Kabinenpersonal zu verstehen ist.

Diesbezüglich werden die Mitgliedstaaten aufgefordert, geeignete Schutzmaßnahmen vorzunehmen, wenn die jährliche Exposition durch kosmische Strahlen 1 mSv überschreiten könnte:

Diese betreffen insbesondere die Ermittlung der Exposition und die Information des betreffenden Personals über eine mögliche Strahlenexposition; sie beinhalten die Forderung, die Arbeitspläne des fliegenden Personals derart zu gestalten, daß die jährliche Strahlenbelastung unter 6 mSv bleibt; für Mitglieder von Flugbesatzungen, die diesen Wert überschreiten könnten, wird eine Aufzeichnung der entsprechenden Daten und eine angemessene ärztliche Überwachung gefordert.

Radonexposition in Wohnhäusern bleibt dagegen vom Anwendungsbereich der EU-Grundnormenrichtlinie ausgeschlossen; die Position der EU-Kommission zu diesem Problem ist in einer - allerdings rechtlich nicht verbindlichen - Empfehlung vom 21. Februar 1990 niedergelegt [6].

Ein Handlungsbedarf seitens der EU schien aus zwei Gründen der Vorsicht angezeigt:
1. Die Höhe der jährlichen Dosis, der Einzelpersonen der Bevölkerung in Wohnräumen ausgesetzt sind, liegt innerhalb der EU üblicherweise zwischen 1 und 2 mSv, wobei dieser Wert bei einem geringen Prozentsatz der Bevölkerung durchaus 20 mSv überschreitet (zur Erinnerung: in der EU-Richtlinie in der Fassung von 1980/84 ist der Dosisgrenzwert für Einzelpersonen der Bevölkerung auf 5 mSv/Jahr festgelegt worden).
2. Das Nichtvorhandensein eines abschließend gesicherten Nachweises über mögliche gesundheitsschädigende Auswirkungen von Radonexpositionen in Wohngebäuden.

Die Empfehlung konzentriert sich auf 3 Punkte:
1. Eine angemessene Unterrichtung der Bevölkerung.
2. Für bestehende Gebäude die Festlegung eines Referenzwertes von 400 Bq/m³ (= effektive Äquivalentdosis von 20 mSv/Jahr); für zu errichtende Bauten die Festlegung eines Planungswertes von 200 Bq/m³ (= effektive Äquivalentdosis von 10 mSv/Jahr).
3. Die Befolgung des Grundsatzes der Optimierung, d.h. auch der Berücksichtigung wirtschaftlicher und sozialer Faktoren bei der Festlegung von Gegenmaßnahmen oder vorbeugenden Maßnahmen.

Nachdem diese EU-Empfehlung seit über 8 Jahren besteht, kann allerdings von einer durchgängigen Befolgung durch die EU-Mitgliedstaaten nicht gesprochen werden; denn die Dringlichkeit und sachliche Notwendigkeit der integralen Anwendung dieser Empfehlung wird in der Tat nicht von allen EU-Mitgliedstaaten in gleicher Weise gesehen. Die EU-Kommission ihrerseits wird die weitere Entwicklung in engem Kontakt mit den zuständigen Stellen der Mitgliedstaaten sorgfältig beobachten. Eine Überprüfung dieser Empfehlung ist jedoch zum gegenwärtigen Zeitpunkt nicht geplant.

Schlußbemerkung

Auf der Grundlage einer klaren Zielvorgabe, wie sie von den Regierungen der Gründerstaaten der Europäischen Atomgemeinschft im EURATOM-Vertrag niedergelegt worden ist, ist es möglich gewesen, eine gemeinschaftliche Strahlenschutzgesetzgebung durchzusetzen und im Laufe der Jahre in der Tiefe und Breite weiterzuentwickeln. Dieser Prozeß ist allerdings trotz des grundsätzlich konstruktiven Zusammenwirkens zwischen den EU-Mitgliedstaaten und den Organen der EU nicht immer reibungslos abgelaufen und ist zwangsläufig von Kompromissen begleitet worden. Es ist zu hoffen, daß sowohl die Vorschriften der geänderten EURATOM-Grundnormenrichtlinie als auch die der sogenannten Patientenrichtlinie innerhalb der vom EU-Ministerrat festgelegten Frist - also spätestens bis zum 12. Mai 2000 - in ihrer Substanz in die nationalen Rechts- und Verwaltungsvorschriften Eingang finden werden; damit wäre dann eine wichtige Phase in der Entwicklung des EU-Strahlenschutzrechtes zum Abschluß gebracht worden.

Literatur

[1] Richtlinie des Rates der Europäischen Atomgemeinschaft vom 2. Februar 1959 zur Festlegung der Grundnormen für den Gesundheitsschutz der Bevölkerung und der Arbeitskräfte gegen die Gefahren ionisierender Strahlungen
(Amtsblatt der Europäischen Gemeinschaften vom 20. Februar 1959)

[2] Richtlinie des Rates (84/466/EURATOM) vom 3. September 1984 zur Festlegung der grundlegenden Maßnahmen für den Strahlenschutz bei ärztlichen Untersuchungen und Behandlungen.
(ABL. Nr. L 265 vom 5. Oktober 1984, S. 1)

[3] Richtlinie des Rates (97/43/EURATOM) vom 30. Juni 1997 über den Gesundheitsschutz von Personen gegen die Gefahren ionisierender Strahlung bei medizinischer Exposition und zur Aufhebung der Richtlinie 84/466/EURATOM.
(ABL. Nr. L 180 vom 9. Juli 1997, S. 22)

[4] Richtlinie des Rates (96/29/EURATOM) vom 13. Mai 1996 zur Festlegung der grundlegenden Sicherheitsnormen für den Schutz der Gesundheit der Arbeitskräfte und der Bevölkerung gegen die Gefahren durch ionisierende Strahlungen.
(ABL. Nr. L 159 vom 29. Mai 1996)

[5] Europäische Kommission, Empfehlungen für die Durchführung von Titel VII der Europäischen Grundnormenrichtlinie über eine erheblich erhöhte Exposition durch natürliche Strahlenquellen, Brüssel, 1997.
(Generaldirektion XI - Veröffentlichung "Strahlenschutz, No. 88")

[6] EU-Kommission, Empfehlung (90/143/EURATOM) vom 21. Februar 1990 zum Schutz der Bevölkerung vor Radonexposition innerhalb von Gebäuden.
(ABL. Nr. L 80 vom 27. März 1990, S. 26)

Adresse: Dir. Dr. Hans Eriskat
Pfeddersheimer Weg 45
D-14129 Berlin

Glossar: Größen und Einheiten für radioaktive Strahlung

J. Kleinschmidt

Institut für Medizinische Balneologie und Klimatologie,
Ludwig-Maximilians-Universität, München

Zusammenfassung

Die Physik fußt auf wenigen Grundgrößen, die mit - ebenfalls nur wenigen - Grundeinheiten quantitativ zu beschreiben sind. Dies gilt auch für die Radioaktivität. Die im Gewebe absorbierte Strahlenenergie (Einheit Gray [Gy]) entspricht einem Joule pro Kilogramm [J/kg]. Das früher verwandte "Rad" [rd] ist ein Hundertstel eines Gray (1 [Gy] = 100 [rd]). Die pro Zeiteinheit registrierten Elementarprozesse in Form von Zerfällen werden in Becquerel [Bq] (= 1 Zerfall/sec) angegeben, wobei $3,7 \cdot 10^{10}$ Bq einem Curie [Ci] entsprechen. Die nicht mehr gebräuchliche Mache-Einheit [ME] ist gleich $3,64 \cdot 10^{-10}$ [Ci/l].

Grundgrößen der Physik

Die Physik fußt auf wenigen Grundgrößen (Länge, Masse, Zeit, Temperatur, elektrische Ladung, Spannung, Lichtstärke), die mit - ebenfalls nur wenigen - Grundeinheiten (m, kg, sec, K, Cb, V und Cd) quantitativ zu beschreiben sind. Als Kombinationen davon gibt es dann aber doch noch zahlreiche abgeleitete Größen mit zugehörigen, meist nach bedeutenden Physikern benannten, abgeleiteten Einheiten. Diese Größen und Einheiten entsprechen den Kürzeln beim Stenographieren; in ähnlicher Weise erschweren sie oft nicht nur Schulkindern das Leben als mühsam zu erlernende "physikalische Formeln".

Wichtige Beispiele für abgeleitete Größen und Einheiten sind:
- die Geschwindigkeit (engl. velocity) v (ohne spezielle Einheit in [m/sec])
- die Beschleunigung (engl. acceleration) a (ohne spezielle Einheit in [m/sec²])
- die Kraft (engl. force) F (in [N] für Newton)
- die Arbeit (engl. work) bzw. Energie W (in [J] für Joule) oder
- die Leistung (engl. power) P (in [W] für Watt).

Die aus dem täglichen Leben bekannte "Arbeit", nämlich das Erledigen von Aufgaben in einer bestimmten Zeit, entspricht physikalisch eher der Leistung P:

dies ist der während einer definierten Zeit gewonnene oder freiwerdende Energiebetrag W. Die (physikalische) Arbeit oder Energie W selbst ist nämlich zeitunabhängig, d.h. das freischwebende Damokles-Schwert behält auf Dauer seine potentielle Energie, nämlich die abstrakte oder reale Fähigkeit[1], später einmal Kräfte wirken zu lassen, bei.

Wegen der Umwandlungsmöglichkeit von z.B. mechanischer Energie in elektrische Energie oder von Quantenenergie in Wärmeenergie sind in Joule gemessene Energiebeträge gleichsam der Euro der Physik. Hieraus resultiert die herausragende Wichtigkeit dieser abgeleiteten Größe.

Grundgrössen der Radioaktivität

Auch das physikalische Teilgebiet der Radioaktivität bezieht sich auf Energiequanten. Dabei unterscheidet man zum einen zwischen der Strahlung, die den Körper durchstrahlt, ohne dabei Energie abzugeben; d. h. das Gewebe wird wie bei Edelgasen (z.B. Radon) unverändert in seinem Vorzustand belassen[2]. Zum anderen gibt es die im Gewebe absorbierte Strahlenenergie, die Energie-Dosis. Die zugehörige Einheit

1 Gray [Gy]

ist dabei die Abkürzung für

1 [J] absorbierte Energie pro 1 [kg] Gewebemasse

Von früher her ist dafür noch das "Rad" [rd] als Abkürzung für "radiation absorbed dose" bekannt, wobei für die Umrechung gilt:

1 [Gy] = 100 [rd]

---

1 Die Energie hängt eng mit dem Begriff des Potentials zusammen, ist aber nicht genau das gleiche.

2 Die Radon-Wirkung entfaltet sich insofern nur durch die "strahlenden" (= zerfallenden) Radon-Atome, nicht durch das wieder ausgeatmete, unveränderte Radon-Gas. Genau hierfür sind Aktivitätsangaben der Radonquellen sinnvoll, während sie ansonsten - genau genommen - für die Bestimmung der Radongas-Konzentration primär eher ungeeignet sind. Nur indirekt läßt sich aus der Aktivität zerfallener Radon-Atome erst die Menge der nicht-zerfallenen Rn-Atome und damit die gesuchte Rn-Konzentration hochrechnen, wobei diese - dann wieder erfreulich einfach - proportional ist zur Aktivität desjenigen Anteils an Radon, der nach dem Zerfall eine Elementumwandlung erfahren hat und darum gerade kein Radon mehr ist.

Größen und Einheiten für radioaktive Strahlung 197

Man kann die abstrakt deponierte Strahlenenergie auch konkreter auf nur eine der verschiedenen Energieumwandlungswirkungen, nämlich auf die Erzeugung von Ionen-Paaren beziehen. Wenn dabei

pro 1 [kg] Absorptionsvolumen

für eine Ladungsart die Strommenge von

1 Coulomb = 1 Ampere · sec

erzeugt wird, hat man ein Maß für die abgeleitete Größe Ionendosis (in [A sec/kg]).

Die Ionendosis lehnt sich eng an den konkret vorstellbaren Meßprozeß mit einer Ionisationskammer an und ist darum primär auch auf "Luft" als Absorptionsmedium bezogen. Die Umrechnung zur älteren Einheit Röntgen [R] erfolgt durch:

1 [R] = 0,000258 [As/kg]

Sekundär stellt man sich vor, daß - bei gleicher Bestrahlungsintensität - das Luftvolumen der Ionisationskammer durch Wasser, Weichteil-, Knochen- oder anderes Gewebe ersetzt wird. Zusätzlich ist auch noch die Strahlenqualität wichtig, so daß die Umrechnung zwischen [R] und [Gy] bzw. [rd] nicht mit einer einzigen Formel darzustellen, sondern aus Tabellenwerken zu entnehmen ist.

Hierzu sind noch Größen zu ergänzen, die sich auf den rein physikalischen Output einer Bestrahlungsquelle beziehen. Die wohl bekannteste dabei ist die Aktivität A bei Kernprozessen: es werden schlicht die pro Zeiteinheit zu registrierenden Elementarprozesse in Form von Zerfällen gezählt und in Becquerel [Bq] angegeben. Für die Umrechnung in die früher verbreitete Einheit Curie [Ci] gilt:

1 [Ci] = 37.000.000.000 Zerfälle pro sec = $3,7 \cdot 10^{10}$ [Bq]

Soweit man nicht eine einfach zu lokalisierende punktförmige Strahlenquelle verwendet, gibt es noch weitere Output-Größen:
- Spezifische Aktivität a = Aktivität pro Masseneinheit [Bq/kg]
- Aktivitätskonzentration a' = Aktivität pro Volumen [Bq/l]

Speziell in der Balneologie gab und gibt es relativ viele Radon-haltige Heilquellen und -gase. Für deren Aktivitätskonzentration hat man spezielle Einheiten verwendet:

1 Mache-Einheit [ME] $= 3,64 \cdot 10^{-10}$ [Ci/l]

Vor allem im Strahlenschutz interessiert allerdings weniger der physikalische Output einer Strahlenquelle, z.b. die spezifische Aktivität, und auch nicht der physikalisch meßbare Input in Probekörpern, z.b. die Ionendosis, sondern die biologische Wirkung. Dieser Übergang von einer rein physikalischen zu einer biologischen bzw. medizinischen Betrachtungsweise ist der Schwerpunkt in der Biophysik und insbesondere in der Medizinischen Physik und beruht - mangels besserer Vorgaben - noch bis heute auf nach Konvention festgelegten Gewichtungsfaktoren.

Ein bekanntes Beispiel für nichtionisierende Strahlung ist die Pigmentwirksamkeitskurve (immediate pigmentation p_i) für optische Strahlung. Dort wird jeder einzelnen Wellenlänge im Bereich zwischen 100 nm und 1 mm Wellenlänge ein Gewichtungsfaktor zwischen 0,0 und 1,0 zugewiesen. Dann postuliert man, daß die Kombinationswirkung aus einem ganzen Spektralbereich, z.B. UV-A, gleich derjenigen ist, die - bei physikalisch gleicher Intensität - nur aus einem einzigen schmalen Wellenlängenbereich von z.B. 365 nm resultieren würde. Nunmehr kann durch mathematische Faltung von
– einerseits physikalischer Spektraldichteverteilung und
– andererseits biologischer relativer Wirkungskurve
letztlich eine Maßzahl, im Beispiel für die theoretische Direktpigmentierung, ermittelt werden.

Ein anderes bekanntes Beispiel ist die Wirkung einer Lichtquelle auf die Hellempfindung. Wenn z.B. mit 500 [Lux] die visuell bewertete Beleuchtungsstärke in einem Büroraum angegeben wird, ist es unerheblich, daß hierbei lichtempfindliche Personen ein und dieselbe Bestrahlungsstärke als "zu grell" bewerten, während andere sogar "noch mehr Licht" fordern. Die - im Einzelfall beträchtlichen - Abweichungen von einer statistischen Norm sind dabei bekannt und stören den ursprünglichen Sinn solcher Festlegungen nicht: es gilt, ein mehrheitlich akzeptiertes Standardverfahren zu verwenden, mit dem physikalisch unterschiedliche Gegebenheiten in ihrer am ehesten wahrscheinlichen biologischen Wirkung vorausberechnet werden können.

Genau diese Zielvorstellung liegt für die radioaktive Strahlung der abgeleiteten Größe Äquivalent-Dosis zugrunde. Auch hier werden - wie zuvor bei den einzelnen Wellenlängen der kontinuierlichen optischen Strahlung - Gewichtungsfaktoren verwendet. Bei Elementarprozessen ist die spektrale Auflösung

Größen und Einheiten für radioaktive Strahlung

tungsfaktoren verwendet. Bei Elementarprozessen ist die spektrale Auflösung allerdings einfacher als bei kontinuierlicher optischer Strahlung: Alpha-, Beta-, Neutronen, Positronen und andere Strahlenarten weisen bereits von vornherein ein schmalbandiges Spektrum der emittierten Korpuskel bzw. Energiequanten aus. Darum gibt es Qualitätsfaktoren QF, die einfach
- für Röntgen-, Gamma- und Beta-Strahlung = 1
- für langsame Neutronen-Strahlung = 5
- für Protonen-Strahlung = 10
- für Alpha-Strahlung = 20

festgesetzt wurden.

Somit läßt sich für die biologische Wirksamkeit relativ einfach die Äquivalentdosis in den Einheiten

$$1 \text{ Sievert } [Sv] = 1 \ [Gy] \cdot QF$$

angeben.

Komplizierter wird die Betrachtung, wenn nun noch die unterschiedliche Strahlenempfindlichkeit verschiedener Organe zu berücksichtigen ist. Dabei ist verständlich, daß jetzt keine einfachen Formeln mehr, sondern Tabellenwerke zur relativen biologischen Wirksamkeit (RBW) unter Berücksichtigung weiterer abgeleiteter Größen heranzuziehen sind.

Adresse: Univ.-Prof. Dr. Dr. Dipl.-Phys. Jürgen Kleinschmidt
Institut für Medizinische Balneologie und Klimatologie
Ludwig-Maximilians-Universität München
Marchioninistraße 17
D-81377 München